岩 波 文 庫

33-946-1

生 命 と は 何 か

——物理的にみた生細胞——

シュレーディンガー著
岡　　　小　　天
鎮　目　恭　夫　訳

岩 波 書 店

WHAT IS LIFE ?
The Physical Aspect of the Living Cell
by Erwin Schrödinger

First published by
the Syndicate of the Press of the University of Cambridge in 1944.

First Japanese edition published 1951,
this edition published 2008
by Iwanami Shoten, Publishers, Tokyo
by arrangement with Cambridge University Press, Cambridge.

E. Schrödinger

自由な人間が、死ほどおろそかに考えるものはない。
自由人の叡知は、死ではなく生を考えるために在る。

スピノザ『倫理学』第四部第六七項

まえがき

そもそも科学者というものは、或る一定の問題については、完全な徹底した知識を身につけているものだと考えられています。したがって、科学者は自分が十分に通暁していない問題については、ものを書かないものだと世間では思っています。このようなことが科学者たるものの侵してはならない掟として通っています。このたびは、私はとにかくこの身分を放棄して、この身分につきまとう掟から自由になることを許していただきたいと思います。これに対する私の言いわけは次の通りです。

われわれは、すべてのものを包括する統一的な知識を求めようとする熱望を、先祖代々承け継いできました。学問の最高の殿堂に与えられた総合大学(university)の名は、古代から幾世紀もの時代を通じて、総合的な姿こそ、十全の信頼を与えらるべき唯一のものであったことを、われわれの心に銘記させます。しかし、過ぐる一〇〇年余の間に、学問の多種多様の分枝は、その広さにおいても、またその深さにおいてもますます拡がり、われわれは奇妙な矛盾に直面するに至りました。われわれは、今までに知られてきたことの総和を結び合わせて一つの全一的なものにするに足りる信頼できる素材が、今ようやく獲得されはじめたばかりであることを、はっきりと感じます。ところが一方では、ただ一人の人間の頭脳が、学問全体の中の一つの小さな専門領域以上のものを十分に支配することは、ほとんど不可能に近くなってしまったのです。

この矛盾を切り抜けるには(われわれの真の目的が永久に失われてしまわないようにするためには)、われわれの中の誰かが、諸々の事実や理論を総合する仕事に思いきって手を着けるより他には道がないと思います。たとえその事実や理論の若干については、又聞きで不完全にしか知らなくとも、また物笑いの種になる危険を冒しても、そうするより他には道がないと思うのです。

私の言いわけはこれだけにします。

言葉に関する困難はなかなかばかにできないものです。母国語というものは、身体にぴったり合った着物のようなもので、もしそれが直ぐに使えないで、別のものを代りに着なければならない時には、誰でも決して気楽な気分になりきれるものではありません。私はインクスター博士(ダブリン、トリニティ・カレジ)、パドレイグ・ブラウン博士(メイヌース、セント・パトリックス・カレジ)および最後に(といっても一番おろそかにするわけではありませんが）S・C・ロバート氏に感謝の意を表します。この三氏は、新しい着物を私の身体に合わせるために大変骨折られたばかりでなく、私が自分の昔の着物の型を棄てることをたびたびいやがったために、いっそう苦心されました。もし私の昔の型が、三人の友人たちの努力を免れて不自然に残っているとしたら、その責任は私にあるので、三氏にはありません。

多数の小節の見出しは、もともと欄外に要約のつもりでつけたものですから、各章の本文は続けて読んでいただきたいのです。

図版ⅠⅢⅣ（この訳書では第5図Ⓐ⒝、第8図、第9図）の写真はC・D・ダーリントン博士およびエンデヴァー誌（Imperial Chemical Industries Ltd.）の編集者の好意によるものです。各写真の下に原本の図の説明をそのままのせてありますが、その詳細は本書には関係ありません。

一九四四年九月

ダブリンにて

エルヴィン・シュレーディンガー

目　次

第一章　この問題に対して古典物理学者はどう近づくか？

我考う、故に我在り　デカルト

1　研究の一般的特質と目的

この小著は、一理論物理学者が約四〇〇人の聴衆に対して行った一連の公開講演をもとにしたものです。私は聴衆に向かってまず最初に、この題目の問題は難しい問題であって、物理学者の使う武器として最も恐れられている数学による推理はほとんど用いないが、本講演は決して大衆向きということはできないと警告しましたが、聴衆の数はたいして減りはしませんでした。数学を使わなかった理由は、数学なしで説明できるほど問題が簡単だからではなくて、むしろあまりに複雑で、十分数学を使えなかったからです。この講演が少なくともうわべは通俗的にみえたもう一つの理由は、講演者の意図が、生物学と物理学との中間で宙に迷っている基礎的な観念を、物理学者と生物学者との双方に対して明らかにすることにあったからです。

多種多様な問題が含まれていますけれども、実際上私の企ての意図するところは、ただ一つの考えを伝えようとするにすぎません。すなわち、一つの大きな重要な疑問について、或る小さな論評を与えようとするものであります。これから進もうとする道から、横にそれないようにするためには、前もって全体の略図をごく簡単に描いておくことが有益でしょう。

その大きな重要な、しかもはなはだしばしば論議されている疑問とは次のことです。生きている生物体の空間的境界の内部で起こる時間・空間的事象は、物理学と化学とによってどのように説明されるか？

この小著により解き明かして、はっきりさせようと試みるその答は、前もって次のように要約できます。

今日の物理学と化学とが、このような事象を説明する力を明らかにもっていないからといって、これらの科学がそれを説明できないのではないか、と考えてはならないのです、と。

2　統計物理学からみて、生物と無生物とは構造が根本的に異なっている

もしこの答が、従来なしとげられなかったことを、将来なしとげることが可能であろうという希望を改めて述べるだけの意味しかもっていないとするなら、これは実につまらない意見でしょう。ところが、この答の意味するところは、もっとずっと積極的なものであって、このようなことがなぜ今日に至るまで不可能であったかということが、十分に説明されるという意味なのです。

今日では、生物学者たち、それも主に遺伝学者たちの、過去三、四〇年間の巧妙な研究のおかげで、生物体の実際の物質的構造と、その働きとについて、十分な知識が得られて、生きている生物体の内部で、時間的・空間的に起こっていることを今日の物理学と化学とがどうしても説明できなかったのは、どういう点に関してであり、それはなぜであったかを、はっきりいうことができるようになったのです。

生物体の最も肝要な部分にある原子の配列や、その間の相互作用は、物理学者や化学者が従来実験的・理論的研究の対象としてきたあらゆる原子配列とは根本的に異なったものです。しかし、私がいま「根本的」*と呼んだ差異は、物理学と化学との法則はすべて統計的な性格をもつものであるということをすっかり頭にしみ込ませている物理学者以外の人には、たいした差異とは思われないようなたぐいのものなのです。

＊　この論点は、少しく一般的すぎるようにみえるかもしれません。詳しい議論は本書の終りの方、67、68節に譲ります。

というのは、生きている生物体の肝要な部分の構造が、われわれ物理学者や化学者が今までに実験室で取り扱ったり、机に向かい頭の中で取り扱ってきたどんな物質の構造とも、まったく異なっているというのは、統計的な観点**に関してのことだからです。われわれが従来の研究で発見した法則や規則性が、たまたま、それらの法則や規則性の土台をなす構造をもっていない体系の行動に、そっくりそのままあてはまるなどということは、ほとんど考えられないことです。

＊＊　この観点は、ドナンのきわめて魅力的な二論文に強調されています。「物理化学的科学は生物学的現象を適当な方法で記述できるか?」(*Scientia*, Vol. 24, No. 78, p. 10, 1918.) および「生命の神秘」(*Smithonian Report for 1929*, p. 309.)。

物理学者以外の人に対しては、このような抽象的な言い方で「統計的な構造」の違いといったのでは、そのおおよその意味をわかってもらうことさえ望めません。ましてや、この言葉の適切さをわかってもらえるなどとは期待すべくもありません。この言葉に生気を吹き込むために、後でもっと詳しく説明することですが、生きている細胞の最も本質的な部分――染色体繊維――は、「非周期性結晶」と呼ぶにふさわしいものだということを、前もって述べておきましょう。物理学で従来取り扱われてきたのは「周期性結晶」に限られていました。つつましやかな物理学者の頭脳にとっては、周期性結晶はすこぶる興味深い、複雑な研究対象です。それは、無生物界が物理学者の頭を悩ますもののなかで最も魅惑的で複雑な物質構造の一つです。にもかかわらず、それは非周期性結晶にくらべれば、かなり単純な退屈なものです。両者の構造の違いは、同じ模様が規則的な周期で何回も何回も繰り返されている普通の壁紙と、ラファエルの毛氈《もうせん》のような刺繡の傑作との間の違いと同じたぐいのものです。後者は退屈な繰り返しではなく、巨匠の手になる手のこんだ、脈絡の一貫した、意味のこもった意匠が施されています。

周期性結晶が研究の対象として最も複雑なものの一つであると私が言ったのは、もっぱら物理学者を念頭においてのことです。事実、有機化学は、ますます複雑な分子を研究することにより、かの「非周期性結晶」のごく近くにまで到達しました。私の考えでは、非周期性結晶こそ、生命をになっている物質なのです。それ故、生命の問題に対して、有機化学はすでに大きな重要な貢献をなしているのに、物理学者がまだほとんど何ら寄与していないのは、さして不思議ではありません。

3　きまじめな物理学者は、この問題にどう近づくか？

以上で、一般的構想――というよりむしろ究極的見透し――を、ごく簡単に示したので、次に、問題に立ち入る道筋を記しましょう。

まず最初にお話ししたいと思うのは、「生物についての、きまじめな物理学者の考え方」とでも言い表わしたらよいもののことです。それは物理学者が、物理学、特に物理学という科学の統計的な基礎を学んだ後で、考えを生物体に進め、生物が行動しその働きを営む仕方について考えはじめる場合、さらにまたこの物理学者が自分の修得したことから、すなわち、その比較的単純ですっきりしていてつつましやかな科学の観点から、この疑問に対して何らかの、身にふさわしい寄与をなしうるや否やをまじめに自問するに至った場合に、この物理学者の頭に浮かぶような考え方のことです。

この物理学者は、それが自分にできると考えるようになるでしょう。次に彼は一歩を進めて、自分の理論的な予想を生物学上の事実と比較するに違いありません。すると彼の考えは、全体としては実に気が利いているようにみえるが、かなり修正しなければならないことがわかりましょう。このようにして正しい見解へだんだん近づいてゆくのです。あるいは、もっと慎重な言い方をすれば、私が正しい見解であると提議するものへと近づいてゆくのです。

たとえ、この点においては私の考えが正しいとしても、問題へ近づいてゆく私のやり方が真に最善であり最も簡単なものであるかどうかは、私にはわかりません。しかし、要するにそれは私自身のとった道でありました。「きまじめな物理学者」とは、実は私自身のことだったのです。そして私は、この目標に向かって自ら歩んだ曲りくねった道以外には、よりよい、よりはっきりとした道を見出すことはできなかったのです。

4　原子はなぜそんなに小さいのか？

この「きまじめな物理学者の考え方」を進めてゆくうまい方法が一つあります。それは、風変りな、人をばかにしたような疑問、「原子はなぜそんなに小さいのか？」から出発することです。そもそも、原子というものは実際まったく小さなものです。われわれが日常生活で取り扱うものは、どんな小さな一片の物質でも、とほうもなく多数の原子を含んでいます。このことを人々にピンとわからせるために、いろいろな説明の仕方が今までに工夫されてきましたが、ケルヴィン卿の使った次のようなたとえほど印象的なものはないでしょう。いま仮に、コップ一杯の水の分子にすべて目印をつけることができたとします。次にこのコップの中の水を海に注ぎ、海を十分にかきまわして、この目印のついた分子が七つの海にくまなく一様にゆきわたるようにしたとします。もし、そこで海の中のお好みの場所から水をコップ一杯汲んだとすると、その中には目印をつけた分子が約一〇〇個*みつかるはずです。

* もちろん、きっちり一〇〇個みつかるとは限りません(たとえ、一〇〇という数字が正確な計算の結果だとしても)。みつかる数は八八あるいは九五あるいは一〇七あるいは一一二かもしれません。だが、五〇のように少ないことや、一五〇のように多いことはとても起こりそうもありません。「偏《かたよ》り」あるいは「揺らぎ」は一〇〇の平方根、すなわち一〇の程度と期待されます。統計学者はこれを表わすのに、見出される数は 100±10 である、といいます。この注意は、差し当り無視してもかまいませんが、統計学上の$\sqrt{n}$法則の一例をなすものなので、後に言及します。

原子の実際の大きさ**は、黄色い光の波長のおよそ五〇〇〇分の一から二〇〇〇分の一の間にあります。この光の波長と比較したことには意味があるのであり、黄色い光の波長は顕微鏡でみることができる最も小さい粒子の大きさの程度を、大ざっぱに示すものです。したがって、そのような小さい粒子も、なお、何十億という原子を含むことがおわかりでしょう。

＊＊　現今の見解によれば、原子というものには、はっきりと際立った境界がありません。したがって一つの原子の「大きさ」とは、あまりはっきりと定義された概念ではありません。しかしわれわれはこの言葉を、固体あるいは液体の中での相隣る原子の中心間の距離と同じものとみなすことができます。（このような言い方が気に入らなければ、「大きさ」ということを、こういう意味のもので置き換える、といってもさしつかえありません。）もちろんこの場合、気体状態のときの原子間の距離と混同してはなりません。気体の場合には、通常の温度と圧力の下では、その距離は固体や液体の場合のざっと一〇倍の大きさです。

さて、原子はなぜそんなに小さいのでしょうか？

これは確かにちょっとずるい問いです。というのは、いま私が問題にしているのは、実は原子の大きさではないからです。いま問題になっているのは、実は生物体の大きさ、特に、われわれ自身の身体の大きさなのです。実際、われわれが日常使う長さの単位、たとえばヤードとかメートルとかを念頭におくときに、原子は小さいということになるのです。原子物理学では、長さの単位としていわゆるオングストローム（略してÅと書く)を用いるのが習慣になっています。これは一メートルの一〇〇億分の一で、小数で表わせば〇・〇〇〇〇〇〇〇〇〇一メートルです。いろいろな原子の直径は一Åから二Åまでの間にあります。さて、メートルやヤードのような日常用いる単位は(これにくらべると原子ははなはだ小さいのですが)、われわれの身体の大きさと密接な関係があります。ヤードの起源はイギリスの或る王の諧謔にさかのぼるという説があります。家来が王に向かって、長さの単位をどうきめましょうか、と尋ねたところ、王はいきなり片腕を横に伸していわく、「我が胸の中央より我が指先までの長さをとれ、万事それでよかろう」と。ことの真偽は別として、この話は私がいま言おうとすることにとって意味のあることです。王が自分自身の身体に比較できるような長さを示し、そうでないものはすべてはなはだ不便であることを心得ていたのは、まことにもっともなことと思われます。物理学者が如何にオングストローム単位をひいきしたとしても、洋服を新調する場合には、服地が六ヤール半要ると言ってもらった方が、六五〇億オングストローム要ると言われるよりもよいでしょう。

かくして、われわれの問いの本当の目的は、二つの長さ——われわれの身体の大きさと原子の大きさ——の比にあることが見究められたのですから、独立的な存在として原子の方が文句なしに先であることを考えると、先ほどの問いは、本当は次のようになります。われわれの身体は原子にくらべて、なぜ、そんなに大きくなければならないのでしょうか？と。

われわれの感覚器官はいずれも、多かれ少なかれ身体の緊要な部分を形成し、したがって(右に述べた身体と原子との大きさの比が莫大なことを考えればわかるように)、感覚器官それ自身が無数の原子から成り立っているので、これら感覚器官のどの一つも、ただ一個の原子の衝突で左右されるにはあまりにも粗大すぎます。この事実を多くの精鋭な物理学徒や化学徒が嘆いたであろうと、私には想像されるのです。われわれは、単独の原子を眼・耳あるいは手でさわって感ずることはできません。原子に関するいろいろな仮説は、粗い感覚器官を通じて直に知ったこととは大いに異なっており、直接検査してこの仮説を試すことはできません。

右のようなことは、どうしても必ずそうでなければならないでしょうか？　それには何か本質的な理由がひそんでいるのでしょうか？　この事態を追求して何らかの根本原理に達し、何故に別の事情では「自然」の理法に適合できないかをつきとめ、理解することができるのでしょうか？

さて、他ならぬ右の問いこそ、物理学者が完全に解明することのできる問題なのです。右に述べた一切の疑問に対する解答は、然り、なのです。

5　生物体の働きには正確な物理法則が要る

もしそうでなかったとしたなら、すなわち、ただ一個の原子あるいはほんの数個の原子がわれわれの感覚に認めうるほどの効果を与えるほど、われわれが敏感な生物であったなら、一体人生はどんなことになるでしょうか！　次の一点だけ強調しておきます。そのような生物は、一連の長い前段階を経た後ついに、他の多くの観念とともに、原子という観念を形成するに至るような、かかる秩序だった思考を進めてゆけそうもないことは、ほとんど確かでしょう。

われわれはここで、この一点だけを取り上げますが、以下の考察は、脳や感覚器官系以外の諸器官の働きにもまた、本質的にあてはまるでしょう。だが、われわれ自身の心に最高の関心をひき起こすことこそは、われわれが感じ、考え、認識するということです。もしも純客観的な生物学の立場からいうのでなければ、少なくとも人間という立場からは、思考と感覚の基礎をなす生理学的過程にくらべると、他のすべてのものは補助的な役割しか演じておりません。なおまた、研究の対象として、主体的な現象に密接に伴う過程を選ぶならば、たとえわれわれがこの主体と客体との密接な対応関係の真の本性を知らなくとも、われわれの仕事は非常に容易になるでしょう。実際、この対応性は私の見るところでは、自然科学の領域外に属し、おそらく、そもそも人間の理解の及ばないところにあるものと思われます。

このようにして、次のような問いにぶつかります。脳およびそれに付随した感官系のような器官は、それに物理的な変化が行われる状態が、高度に発達した思考と密接に対応するためには、なぜ必ず莫大な数の原子から成り立っていなければならないのでしょうか？　かかる器官のこのような任務が、この器官が全体としてあるいは環境と直接に相互作用する末梢部分の一部において、外界からくるただ一個の原子の衝突に対し反応を示しその影響をとどめるに足るほど精緻で敏感な仕掛けになっていることと両立しないのは、一体如何なる根拠によるのでしょうか？

その答は、われわれが思考と呼ぶところのものは、(1)それ自身秩序正しいものであること、(2)或る一定度の秩序正しさを具えた知覚あるいは経験のみを対象とし、そのような素材のみに適用されること、であります。このことから、次の二つの結論がひき出されます。第一に、一つの物質組織が思考と密接に対応するためには(私の脳髄が私の思考と対応するように)、それは非常にきちんとした秩序のある組織でなければなりません。このことは、その中で起こる事象が少なくともはなはだ高い精度で厳密な物理的法則に従うべきことを意味します。第二に、このように物理的にきちんとした秩序ある体系に対して、他の物体により外界から加えられた物理的作用は、それに応ずる思考の素材(対象)になる知覚や経験に対応することは明らかです。したがって、われわれの思考器官と外界との間に起こる相互作用は、普通、それ自体が或る一定度の物理的秩序性をもっていなければなりません。すなわち、この相互作用自身もまた一定の精度まで、厳密な物理的法則に従わなければなりません。

6 物理法則は原子に関する統計に基づくものであり、近似的なものにすぎない

さてそこで、あまり多数でない原子だけから成り、わずか一個ないし数個の原子の衝突に対してさえも敏感である生物体の場合には、これらのことすべてがみたされえないのは一体なぜでしょうか?

それは、すでによく知られているように、原子はすべて、絶えずまったく無秩序な熱運動をしており、この運動が、いわば原子自身が秩序正しく整然と行動することを妨げ、少数個の原子間に起こる事象が何らかの判然と認められうる法則に従って行われることを許さないからなのです。莫大な数の原子が互いに一緒になって行動する場合にはじめて、統計的な法則が生まれて、これらの原子「集団」の行動を支配するようになり、その法則の精度は関係する原子の数が増せば増すほど増大します。事象が真に秩序正しい姿を示すようになるのは、実はこのようなふうにして起こるのです。生物の生活において重要な役割を演ずることの知られている物理的・化学的法則は、すべてこのような統計的な性質のものなのです。そうでないようなどんな法則性や秩序性を考えても、それらはすべて原子の絶えまない熱運動によってかき乱されて無効になってしまうのです。

7　法則の精度は、多数の原子の参与していることがもとになっている

第一の例（常磁性）

このことを、二、三の例によって説明しましょう。次の例は何千というものの中から半ばでたらめに拾い上げたもので、おそらくこのような事情をはじめて学ぶ諸君に訴え

るには最も適した例ではないでしょう。が、この事情が現代の物理学および化学において基本的なものであることは、たとえば、生物学において生物体が細胞から成り立っているという事実や、天文学におけるニュートンの法則、あるいは数学における整数列1, 2, 3, 4, 5, ……とさえくらべられるものです。まったくの入門者では、以下の数ページからこの問題を十分理解し、その意味を味わうことは無理でしょう。この問題はルドウィヒ・ボルツマンとウィラード・ギブズの輝かしい名に結びつけられ、教科書で「統計熱力学」の名の下に取り扱われているものであります。

細長い石英の管に酸素ガスをみたして、それを磁場の中に入れますと、ガスが磁化*されます。この磁化は、酸素の分子が小さな磁石であって羅針盤の針のように磁場の方向に平行に向きを転ずるという事実に基づくものです。ただし、分子磁石が実際にことごとく磁場に平行に向きを揃えるのだと考えてはなりません。なぜなら磁場の強さを二倍にすれば、その酸素ガス全体の磁化の強さは二倍になるのであって、この比例関係は磁場の強さがきわめて高くなるまで保たれ、磁化の強さは外から加えられる磁場の強さに比例して増加するからです。

* ガスを選んだのは、固体や液体にくらべてガスの方がはるかに簡単だからです。この場合磁

化の強さはきわめて微弱ですが、それは理論的な考察にはさしつかえを生じません。

　これは、純粋に統計的な法則の特に明瞭な例です。磁場が分子の向きを揃えようとする傾向は、分子の熱運動によって絶えず妨げられます。熱運動は分子にでたらめな向きを向かせるような働きをするものです。したがって両者の拮抗の結果、実際には分子(磁石)の双極子の軸と磁場の方向とのなす角が鋭角であるものが、鈍角のものよりほんのわずか数が多いことになります。個々の分子はその方向を絶えず変えていますが、平均として(分子の数がとほうもなく多いために)、磁場の方向に向くものの数がわずかだけ多くなり、それが磁場の強さに比例するのです。この巧妙な説明はフランスの物理学者ポール・ランジュヴァンに負うものです。これは次のようにして吟味することができます。もし、観測される弱い磁化が本当に、二つの相拮抗する傾向——一つはすべての分子を平行に揃えようとする磁場、もう一つはその向きをでたらめに乱そうとする熱運動——の結果であるならば、

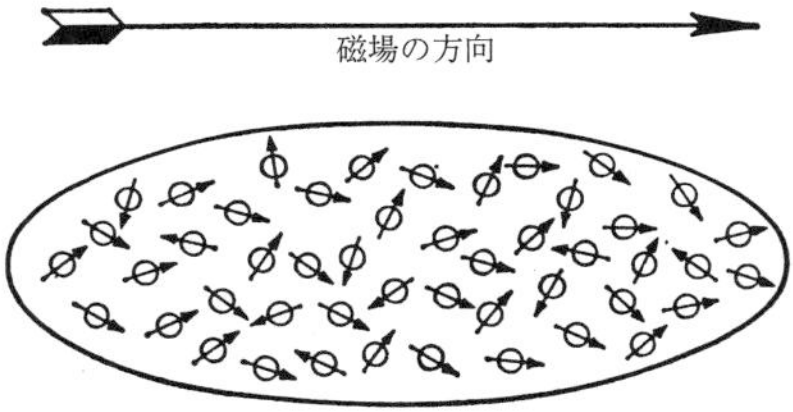

第1図　常磁性

磁場を強める代りに熱運動を弱めても磁化の強さを増すことが当然できるはずです。それには温度を下げればよいわけです。このことは実験によって確かめられました。それによると、磁化の強さは絶対温度に逆比例し、定量的にも理論と一致するのです(キュリーの法則)。最近の実験装置によると、温度を下げることによって熱運動を弱めて、磁場が分子の向きを揃えようとする傾向が完全に浮き出るとまではゆかないにしても、少なくとも大部分の分子が「完全に磁化」する程度まで熱運動の働きを減ずることが可能です。この場合にはもはや、磁場の強さを二倍にしても磁化の強さが二倍にはならないで、磁化の増す割合は磁場の強さの増すとともにだんだん少なくなり、「飽和」と呼ばれる状態へと近づくことが期待されます。このような予想もまた、実験によって定量的に確かめられています。

ここで注意していただきたいのですが、このような現象はまったく、多数の分子が一緒に共同動作をして、観測にかかるような磁化状態をつくりだしている、ということに基づいています。もしそうでなければ磁化の強さは決して一定したものでなく、毎秒ごとにまったく不規則に動揺し、熱運動と磁場との拮抗作用によるめまぐるしい変動を立証するでありましょう。

8　第二の例（ブラウン運動、拡散）

いま仮に、閉じたガラスの容器に微小な液滴から成る霧をみたしたとすると、やがて霧の上側の境界が一定の速度でだんだん下へ下がってくることがわかりましょう。その速度は空気の粘性と液滴の大きさと比重とによって定まるものです。しかし、もし多くの液滴の中のどれか一つを顕微鏡でみるならば、その液滴は常に一定の速度で沈降するのではなく、非常に不規則な運動をすることが見出されるでしょう。これがいわゆるブラウン運動というもので、平均してはじめて規則正しい沈降となって現われるものです。

さて、これらの液滴は原子そのものではありません。しかし、十分に小さくて軽いので、その表面に絶えず衝突して打撃を与える多くの分子の個々の衝撃をまったく感じな

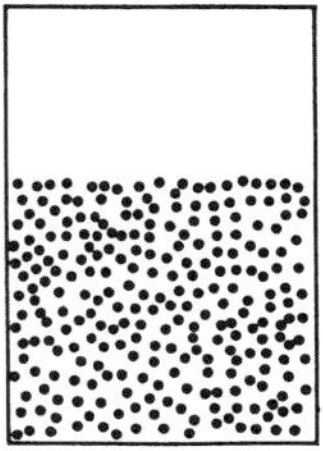

第2図　霧の沈降

第3図　沈降してゆく霧粒の行うブラウン運動

いわけではありません。したがって、それらはあちこちとこづきまわされて平均としてのみ重力の影響に従って、落下するのです。

この例からわかることですが、もしわれわれの感覚がほんの数個の分子の衝突をも感ずるのであったなら、われわれは一体、何とおかしな無秩序な経験をすることでしょう！　バクテリアやその他の生物で、はなはだ小さくてこの(ブラウン運動の)現象の影響をひどく受けるものがあります。このような生物の運動は周囲にある媒質の気まぐれな熱運動によって決定され、したがって特定の運動を選ぶことはできません。もしこれらの生物が自分自身に何か運動する力を具えていたなら、一つの場所から別の或る場所へたどりつくことに成功するでしょう——が、それはかなり困難です。というのは、荒海にただよう小舟のように、熱運動によって揺り動かされるからです。

ブラウン運動と非常に近い関係にある現象に、拡散という現象があります。いま一つの容器に液体、たとえば水をみたしてあるとします。その中に何か色のついた物質、たとえば過マンガン酸カリが少量溶けており、しかも濃度が一様でなく、たとえば第4図のようになっているとします。図では小さな丸印が溶けている物質(過マンガン酸カリ)の分子を表わし、濃度は左方から右方へ向かって減少しています。さてこの溶液を放置してておくと、「拡散」というはなはだ緩慢な過程がはじまり、過マンガン酸カリは左から右の方へ向かって拡がります。いいかえれば濃度の高い方から低い方へ向かって拡がり、ついに水全体にわたって一様に分布するに至ります。

このような、かなり単純でちょっと見たところ特に面白くもない現象について、次のことを注目すべきです。過マンガン酸カリ分子を、混雑している場所から、より空いている場所へ――ちょうど一つの地方の人口が、活動の余地のより多くある場所へと拡がってゆくように――押しやる何らかの力あるいは傾向によって、このような現象が起こるのではないか、と考える人があるかもしれませんが、決してそうではありません。そのようなことはいまの過マンガン酸カリの分子では何も起こりません。分子のおのおのが他のすべての分子とまったく無関係に独立に行動し、他の分子と出会うことはきわめて稀です。それらの分子のおのおのは混み合っている地域にあろうと空いた地域にあろうと同じ運命をたどり、水分子の衝突により絶えずこ

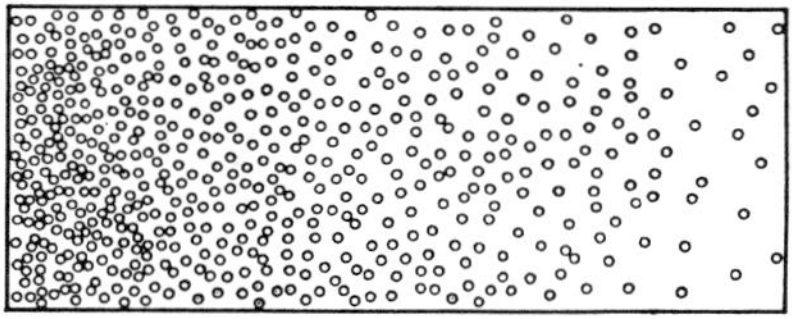

第4図　濃度が一様でない溶液中における左方から右方への拡散

づきまわされ、あらかじめ予言することのできない方向へだんだんと移動してゆきます——或る場合には濃度の高い方へ、或る場合には低い方へ。そしてまた或る場合には斜めの方向へ。分子の行うこの種の運動を、眼かくしされた人が平らな平地に立って、「歩く」気は十分ありながら、特にどの方向を選ぶということもなく、したがって方向を絶えず変えながら歩く場合の運動とくらべることがよくあります。

過マンガン酸カリ分子のこのような漫歩はそのすべての分子に共通のものですが、しかもなお濃度の低い方へ向かって規則正しい流れを生じ、結局は一様な分布に向かって進みます。これはちょっと見たところでは理解にとまどうものです——といっても、ほんのちょっと見ただけではまごつくというにすぎません。第4図でほとんど濃度が一定だとみなされるような薄片を考えると、或る時間にどれか特定の一つの薄片の中に含まれている過マンガン酸カリ分子は、でたらめな運動により、右の方にも左の方にも等しい確率で運ばれます。ところが、まさにこのことの必然の結果として、隣り合った二つの薄片の境の面を左方からきて横切る分子の数は、反対の向きのものより多いことになります。なぜなら、それはただ、でたらめな運動をしている分子が右方よりは左方によりたくさんあるからです。そしてそのようである限り、差引勘定すると、左から右へ向かって分子の規則正しい流れがあることになり、これは分子の分布が一様になるまで続きます。

以上の考察を数学の言葉に翻訳すると、厳密な拡散の法則は、一つの偏微分方程式

$$\frac{\partial\rho}{\partial t} = D\nabla^2\rho$$

の形になります。私はこの式を説明しようとして読者を悩ますようなことは致しませんが、この式の意味を普通の言葉でいえば、これまたきわめて簡単なものなのです。*

＊ 参考のために。任意の与えられた点における濃度が時間的に増加する割合は、その点を含む無限に小さい部分の濃度の、周囲とくらべての過剰(むしろ欠乏)の度合に比例します。ついでですが、熱伝導の法則もまったく同じ形のものです。ただし「濃度」を「温度」で置き換えなければなりません。

ここで、いかめしい「数学的に厳密」な法則をわざわざ述べた理由は、物理的な厳密性はやはり個々の特定な場合にすべて一つ一つぶつかって吟味しなければならない、ということを強調するためなのです。純然たる偶然性を基礎としているのですから、その法則は近似的にしか妥当性をもちません。もし、それが非常によい近似であるならば

――普通はそうなのですが――、それは単にその現象に参与している分子の数が莫大に多いからであるにすぎません。その数が少なければ少ないほど、まったく偶然的に起こる法則からのずれは、ますます大きくなると予期しなければなりません。そしてこのずれは都合のよい条件の下では観測することができるのです。

9 第三の例(測定の精度の限界)

私がお話ししようと思う最後の例は、第二の例にごく近いものですが、特殊な興味のあるものです。一つの軽い物体を一本の細くて長い繊維で吊して、釣合いの位置に保たせたものを、物理学者は弱い力を測定するのによく使います。それは電気的、磁気的あるいは重力的な力を作用させて、吊した物体を鉛直軸のまわりに回転させ、釣合いの位置からの偏りを生ずるようにしてあります(もちろん吊す軽い物体はそれぞれの目的に合わせて適当に選ばなければなりません)。これは「ねじり秤《ばかり》」といって、ごく普通に使用される仕掛けですが、それの精度を改良しようとする努力が続けられてきたあげく、或る奇妙な限界にぶつかってしまいました。この限界なるものは、それ自身実に興味深いものなのです。吊す物体としてだんだんに軽いものを選んでゆき、また繊維としてますます細くて長いものを選んでいったところ——これは秤がますます微弱な力に感ずるようにするためですが——、或る限界に到達しました。それは、吊した物体が周囲にある分子の熱運動の衝撃を目立って感ずるようになり、釣合いの位置の近くで絶えず不規則に「踊り」はじめた時なのです。この踊りは第二の例で液滴がふらふら震え動くのとよく似ています。このようなふるまいは、秤を使って得られる測定の精度に絶対的な限界を課するものではありませんが、実際的にはやはり限界となります。制御しえない熱運動の影響と測定しようとする力の影響とが競い合って、そのため、観測される個々の偏りを一つだけ取り出しては意味がなくなります。この装置のブラウン運動の影響を消去するためには測定の回数を増さなければなりません。この例は、この本で説こうとする問題に特に役立つものだと私は思っています。なぜなら、われわれの感覚器官は結局のところ、一種の測定装置なのです。もしそれがあまり敏感になりすぎたらどんなに役に立たないものになるかは想像がつきます。

10　分子数の平方根の法則（$\sqrt{n}$ 法則）

差し当り例をあげることはこれだけにします。ただ一つ付け加えたいのは次のことです。すなわち、物理学および化学の法則のうち、生物体の内部で、あるいは生物体とその周囲の環境との相互作用において関与する法則ならば、どんなものでも例として選ぶことができるのです。それらをもっと詳しく説明すればもっと複雑になるでしょうが、顕著な点は常に同じですから、いちいち書き記しても一本調子なものになるだけでしょう。

しかし、私はすべての物理法則において期待される不精密度の量的な目安についてはなはだ重要な事柄を、もう一つ述べておきたいと思います。それは、$\sqrt{n}$ 法則といわれるものです。まず最初に、簡単な例を一つとって説明し、次にそれをおしひろめて一般化してみましょう。

いま或る気体が、或る温度と圧力の条件の下で或る密度をもっているとします。これを私が、或る容積(何かの実験に関係した大きさ)の中に、この条件の下で気体分子がちょうど n 個含まれている、という言葉で表現したとします。すると、もし皆さんが私の言ったことを、何か特定の一瞬間に検査してみることができたなら、きっと皆さんは、私の言ったことが不正確で $\sqrt{n}$ の程度だけ外れていることを見出すでしょう。そこで、もし $n=100$ ならば、外れは約一〇で、したがって誤差率は一〇パーセントとなりますが、もしnが一〇〇万ならばおそらく約一〇〇〇の外れが見出され、誤差率は一〇分の一パーセントになりましょう。ところで大ざっぱにいえばこの統計的な法則はまったく一般的なものです。物理学や物理化学の法則は$\sqrt{n}$分の一の程度の確率誤差率の幅をもってその範囲内で不正確なものです。ただしnというのは、その法則をもたらすのに参与する分子の数——何かの理論的考察または何か特定の実験に当って、問題となる時間的あるいは空間的あるいはその両者の領域内で、その法則の妥当性をつくりだすために参与する分子数——であります。

右のことから再び、生物体は比較的粗大な構造をもっていなければ、内的な生活と外界との交渉との双方において、かなり判然とした法則の恩恵を蒙ることができないことがわかるでしょう。なぜなら、もしそうでなくて、参与する粒子の数が少なすぎたなら、「法則」は不精密になりすぎてしまいます。この平方根ということが特に必要な大切なことです。なぜなら一〇〇万という数は確かに大きな数ではありますが、その場合の一〇〇〇分の一という精密度では、いやしくも「自然の理法」の威信を示すには、はなはだ優れた精度だとはいえません。

第二章　遺伝のしくみ

生は永遠なり、何となれば法が
生命なる宝玉を保証し、それにより
万有はその美をなせるなれば。

ゲーテ

11　古典物理学者の予想は、決してつまらぬものとは言い棄てられないが、誤っている

このようにして、われわれは次のような結論にたどりつきました。すなわち、生物、および生物が営む生物学的な意味合いをもつあらゆる過程はきわめて「多くの原子から成る」構造をもっていなければならない。そして、偶然的な「一原子による」出来事が過大な役割を演じないように保障されていなければならない、と。このことは本質的なことで、それ故にこそ、生物体は、そのすばらしく規則的な秩序整然とした働きを営む

に必要な十分に厳密な物理法則を維持することができるのだと「きまじめな物理学者」は申します。これらの結論は、生物学からみれば天下り式に(すなわち、純粋に物理学の見地から)出てきたものですが、はたして実際の生物学上の事実にどれだけ適合するでしょうか。

ちょっとみると、この結論は、誰でも考えつく当り前のことという以上にはほとんど出ていないように考えられます。まあ三〇年も前の生物学者ならば、おそらく次のように言ったでありましょう。通俗解説家が、統計物理学が生物においても、無生物界における と同様に大切であると強調することは、まったく適切なことには違いないが、そんなことは、実際、誰でも知っているわかりきったことだ、と。なぜなら、いうまでもなく、あらゆる高等な生物の親の個体のからだばかりでなく、そのからだをつくっているどの一つの細胞でさえも、各種の原子を天文学的に莫大な数だけ含んでいます。そして、われわれが観測するどの一つの特定な生物学的過程も、それが細胞内の現象であろうと、周囲との相互作用の際の過程であろうと、莫大な数にのぼる原子と原子的現象とを含んでおり、その結果、物理および物理化学の法則で関係のあるものはすべて保障されているようにみえます――いや、三〇年前には、そうみえたのです。この場合、統計物理学の方から、「多数」という点に関して非常に厳密なことが要求されるのでありまして、この要求を、たったいま$\sqrt{n}$法則ということで説明したのでした。

今日では、この意見は誤りであったことがわかっています。この書物でこれから説明するように、ちょっと信じられないほどの少数個の原子から成る集団、あまり少数なので、厳密な統計的法則などはとても示しそうもない原子団が、生きている生物体の中できわめて秩序のある規則正しい現象を支配するような役割を、確かに演じているのです。これらの原子団が、生物が生長の過程の中で獲得する直接目でみえるような特徴を支配しており、生物体の働きの重要な特性を決定しているのです。そしてこれらのことすべてにわたって、きわめて鋭い非常に厳密な生物学的法則が行われるのです。

私はまずはじめに、生物学、その中でも特に遺伝学の情勢を手短かにまとめて説明しなければなりません。すなわち、私が十分通暁していない一つの問題について、今日知られているところを、かいつまんで話さなければなりません。これは何ともやむをえないことなので、私の要約に素人の生嚙り的なところがあることを、特に生物学者に対してお詫びする次第です。一方また皆さんに対しては、主流をなす考え方を多少とも天下り式に話すことを許していただきます。一介の理論物理学者が生物学上の実験的事実を十分に見渡す力があると、期待されては困ります。この生物学上の実験事実は、一方においては、たくさんの長期にわたる見事に織り合わされた、真に前例のない巧妙な育種実験の系列から成り、他方においては、近代的な顕微鏡的観察法の粋を尽して得られた、生細胞の直接の観察から成っているのです。

12　遺伝の暗号文（染色体）

ここでは或る一つの生物の「型《パターン》」という言葉を、生物学者が「四次元的な型」と呼んでいる意味に使うことにします。この「四次元的な型」というのは、その生物が親になった時あるいは生長段階中の何か或る一定の時期の体の構造と機能だけでなくて、卵細胞が受精してから、成熟して生殖を行いはじめる成熟期に至るまでの個体発生の全期間に関するものを意味します。さて、この四次元型の全体は、受精卵なるただ一個の細胞の構造によって定められることが知られています。しかも、それを本質的に定めるのは、受精卵細胞のほんの一小部分——細胞の核——の構造であることがわかっています。この核は、その細胞の正常の「休止状態」においては、細胞の中の一部に拡がっている染色質《クロマチン》*の網目としてみえるのが普通です。しかし、真に重要な細胞分裂（有糸分裂と減数分裂。以下参照）の行われている期間には、一組の粒子からできているようにみえます。この粒子は、普通紐状または棒状の形をしており、染色体と呼ばれ、数はたとえば八本とか一二本とかで、人間の場合には四六本であります。しかし、いま例としてあげた数字は、実は2×4, 2×6, ……, 2×23, ……と書くべきだったのです。そして生物学者が習慣として用いている表現を使うためには、二組になっているということをお話ししておくべきだったのです。というのは、各染色体は多くの場合形と大きさとによってはっきりと見分けがつき、一つ一つ区別できるのですが、ほとんどまったく等しいものが対になって現われるので、全体が二組になっているのです。すぐわかることですが、一組は母（卵細胞）からきたもので、もう一組は父（受精させる精子）からきたものです。これらの染色体の中に、あるいは、おそらく顕微鏡の下で染色体として実際に目にみえるものの背骨をなしている繊維の中だけに、その個体の将来の発展と成熟したときの体の働きの型の全部が、一種の暗号文の形で含まれているのです。二組の染色体の各組に暗号が全部含まれているのです。したがって受精卵の中には普通この暗号文が二枚あるわけで、受精卵は将来生長してゆく個体の最初の段階をなすものです。

＊　この言葉の語源的な意味は「色素によって染まる物質」というのであって、顕微鏡でみるた

めの技術として、或る特定の染色処理を施すと、着色する物質を意味します。

染色体繊維の構造を一種の暗号文だと呼ぶ意味は、昔ラプラスが考えたような、因果的なつながりがことごとくただちにわかるようなすべてを見抜く千里眼の持主ならば、構造をみて、その卵が適当な条件の下で生長すれば黒い雄鶏になるか、まだらの雌鶏になるか、蠅になるか、トウモロコシになるか、シャクナゲになるか、甲虫になるか、ハツカネズミになるか、あるいはまた人間の女になるかというようなことを予言できる、という意味です。これについて一言つけ加えておきたいのは、卵細胞の外観はたいていの場合、互いにひどく似通ったものであり、またたとえ、鳥類や爬虫類の比較的巨大な卵の場合のように、お互いにかなり見分けがつくものでも、肝腎な部分の構造の差異は、栄養物質の差異ほど大きくはないことです。この場合、栄養物質がつけ加わっていることには、はっきりした理由があります。

しかし、暗号文という言葉は、もちろん意味が狭すぎます。染色体の構造は、それがあらかじめ定めている生長発育を実際に起こす道具の役割をも果します。それらは法典と裁判官とを——あるいはもう一つ別なたとえを使うなら、建築設計図と大工の腕とを——一緒にしたものです。

13　生物体は細胞分裂(有糸分裂)で生長する

個体発生*において、染色体はどのような行動をするでしょうか。

* 個体発生とは、その生涯を通じて、個体が発育変化することをいいます。これに対するものは系統発生で、これは地質学的年代にわたる種の進化をいいます。

生物体の生長は、細胞が次々と分裂することによって行われます。このような細胞分裂は有糸分裂と呼ばれています。これは、一つの細胞の生涯についていえば、我々の身体が莫大な数の細胞から成り立っていることからすぐに想像されるほど、そんなにちょくちょく起こるものではありません。はじめのうちは生長は速やかです。卵は二つの娘細胞に分裂し、それらは次の段階で四つの細胞になり、次に八、一六、三二、六四、……と増えます。分裂の起こる頻度は、生長している体のすべての部分でまったく同じではありませんから、このような倍ずつ増してゆくという数の規則正しさは破られます。しかしこの数列が急速に増してゆくことから考えて、簡単な計算をすると、平均してわずか五〇回か六〇回次々に分裂すれば、大人の身体の細胞の数**ぐらいは十分できる、あるいは一生の間に身体の中で細胞が入れ替わることを考えに入れても、たとえば全身の細胞数の一〇倍は楽にできる、と推論できます。

** ごく大ざっぱにみて、一〇〇兆ないし一〇〇〇兆。このようにして、私の身体の体細胞は、かつて私自身であった卵の、平均してわずか五〇代目ないしは六〇代目の子孫にすぎないのです。

14 有糸分裂では、すべての染色体がそれぞれ二つになる

有糸分裂をする際、染色体はどのように行動するでしょうか？　それらは二つになるのです――二組の両方とも、つまり二組の暗号文の両方とも二倍になるのです。この過程は顕微鏡の下で詳しく研究され、この上もなく興味深いものですが、その中にはあまり多くのことが含蓄されているので、ここで細かいことまで記述することはできません。特に目立つ点は、分裂してできた二つの「娘細胞」のどちらも、親細胞の染色体とまったく同様な二揃いの染色体を完全に持参していることです。したがって、すべての体細胞は、その染色体という財産*に関しては互いにまったく同じなのです。

* この短い要約の中で私が、キメラという例外的な場合を無視したことに対し生物学者のお許しを乞います。

この仕掛けについてわれわれにわかっていることがどんなに少ないにしても、個々の各細胞が比較的重要性の少ないものに至るまでどの一つも、暗号文の完全な写し(二組になっている)をもっているということは、生物体の働きと何か密接な関連があるに違いないと考えざるをえません。しばらく前の新聞に、モントゴメリ将軍がアフリカ作戦で、自分の軍隊の一人一人の兵士に至るまでに、自分の全計画を細部までこまごまと知らせることを決意した、という記事がのっていました。もしもそれが本当なら(彼の軍隊の高い知能水準と信頼性を考えればおそらく本当かもしれませんが)、この話は、いまの場合とすばらしくよく似たたとえになります。いまの場合、この話に対応する事実は確かに文字通り真実なのです。染色体の組の二重性が有糸分裂の前後を通じて保たれていることは実に驚嘆すべきことです。これが遺伝のしくみのきわだった特徴であるということは、この規則からのただ一つの例外によって、最もはっきりと認められます。次にそれを説明しなければなりません。

15　減数分裂と受精(接合)

個体の生長がはじまるとすぐに、一群の細胞が、後になって配偶子をつくりだすために別にしておかれます。その配偶子は、場合によって、精子だったりあるいは卵細胞だったりしますが、成熟してから個体が増殖するのに必要なものです。「別にしておかれる」という意味は、成熟するまでの間は他の目的に使われないで、有糸分裂をする回数もずっと少ないということです。例外的な分裂(減数分裂と呼ばれる)というのは、成熟してから最後に、これらの別にしておかれた細胞から配偶子がつくりだされる際の分裂であって、普通、配偶子がつくられてから間もなく接合が行われるようになっています。減数分裂の場合には、親細胞の二揃いの染色体の組は一揃いずつの二組に分かれるだけで、その一組ずつが二つの娘細胞すなわち配偶子のおのおのに移ります。いいかえれば、染色体の数が有糸分裂のときのように二倍になることは、減数分裂の場合には起こらず、染色体の数は一定に保たれ、したがって各配偶子は半数だけの染色体を受取ります。すなわち、暗号の完全な写しを二枚でなく一枚、たとえば人なら2×23=46ではなく二三だけを受取るのです。

染色体をただ一組もっている細胞を一倍体(haploid, ギリシャ語 ἁπλοῦς(単一)からきた言葉)と呼びます。それゆえ配偶子は一倍体です。普通の体細胞は二倍体(diploid, ギリシャ語 διπλοῦς(二重)からきた言葉)です。体細胞のことごとくが染色体の組を二組、

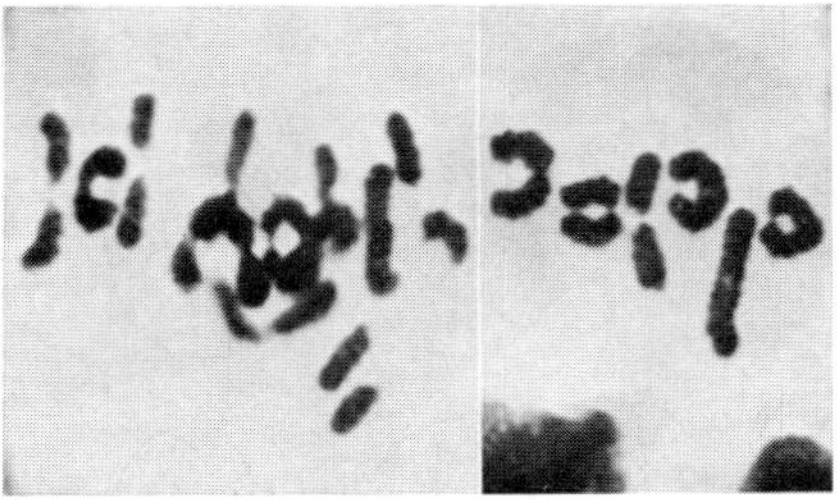

第 5 図(A)　ムラサキツユクサ属の二つの種の花粉母細胞における染色体対．右は酢酸オルセイン中で固定染色した細胞における 6 個の対．左は紫外線で撮影した生細胞中における 12 個の対．

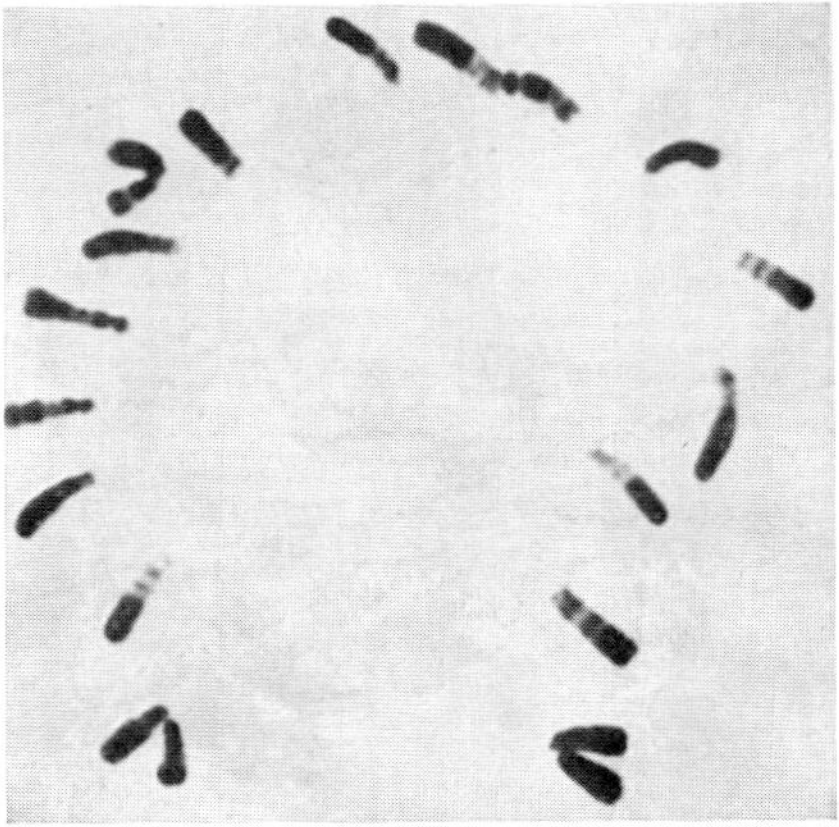

第 5 図(B)　クロユリ属の一種(*Fritillaria pudica*)の花粉粒の低温処理で退色した染色体．色の薄い帯は不活動部分．

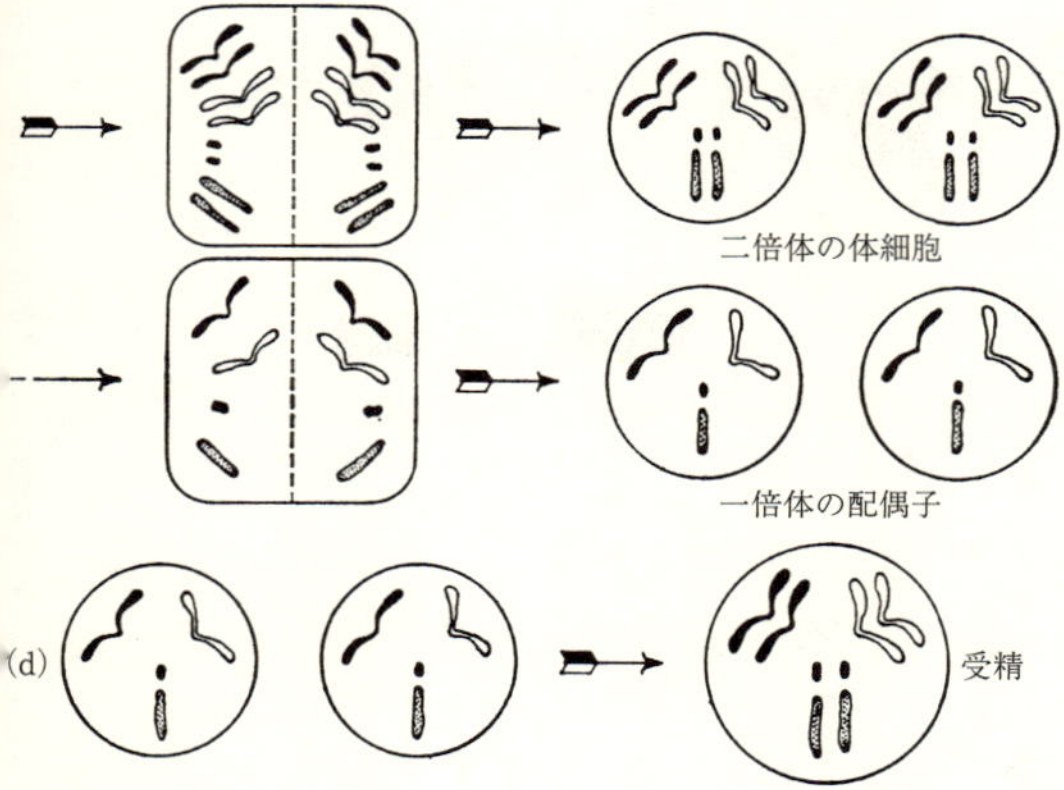

(a) ショウジョウバエの体細胞の 2×4 個の染色体．以下きわめて模型図的に示した．
(b) 二倍体の体細胞の通常の細胞分裂(有糸分裂)．
(c) 二倍体の体細胞の減数分裂．これにより一倍体の配偶子をつくる．
(d) 受精(接合)．一倍体の雄性および雌性配偶子が合体して二倍体の受精卵をつくる．

第 5 図(C)

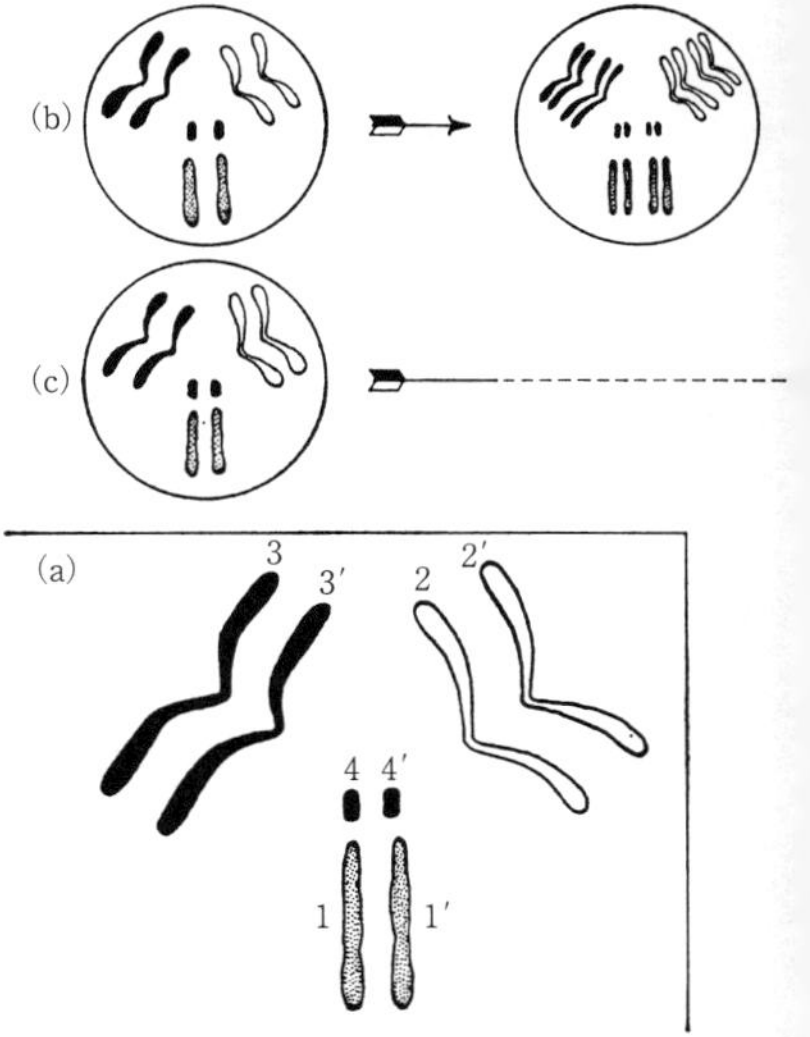
(b)
(c)
(a)
3
3′
2
2′
4
4′
1
1′

四組、……、一般にいえば多数組もっている個体の現われることがよくあって、これらを三倍体、四倍体、……、一般に倍数体と呼びます。

接合を行うときには、共に一倍体である雄性配偶子(精子)と雌性配偶子(卵)とが合体して受精卵をつくりますので、受精卵は二倍体です。その二組の染色体の一方は母方から、もう一方は父方からきたものです。

第5図Ⓐ Ⓑの写真によって、染色体というものは顕微鏡でみるとどんなふうなものであるかが、ある程度想像がつくと思います。これらの写真は帝国化学工業会社《イムペリアル・ケミカル・インダストリー》とC・D・ダーリントン博士の好意によるものです。興味をおもちの読者は、博士の著書『染色体の取り扱い方』を御覧になると、今までになかったような美しい同様な種類の写真がもっとたくさんのっています。第5図Ⓒで、私は三種類の基本的な過程——有糸分裂、減数分裂および接合(受精)——を果実蠅(ショウジョウバエ)の場合について図解する工夫をしました。この蠅は近代遺伝学において非常に役に立っているもので、(一倍体の)染色体数は四です。この四つの異なる染色体は、緑、黒、赤、青と色で区別してあります(本訳書では都合により色刷を省きました——訳者)。左下の挿入図(a)は、二倍体の体細胞の染色体を拡大して示してあります。(b)—(d)図はもう少し小さい拡大で、まっ

たく模型図的に描いたもので、(a)図はこれらを理解する助けに付加したにすぎません。ここでお断りしておきたいのですが、減数分裂については、先に述べたところでも、この図においても、或る省略*を行いました。それは、この本の目的にはまったく重要でない点ですから。

＊　実は、減数分裂は、染色体数が二倍になることなしに起こるただ一回の分裂ではなくて、二回の分裂が引続いてすぐに起こってほとんど一体となったものなのです。そのうち一回だけ染色体の倍加が行われます。その結果は、二個ではなく同時に四個の配偶子ができるという違いに過ぎません。

16　一倍体の個体

いままでに述べたことで訂正を要する点がもう一つあります。それは、この本の目的にとってどうしても放っておけない問題ではありませんが、実際問題として興味があることです。というのは、生物の型《パターン》のかなり完全な暗号文が実際にどの一組の染色体の中にも含まれているということが、この点によってわかるからです。

減数分裂に引き続いてすぐに受精が行われないような例がいくつかあります。その場

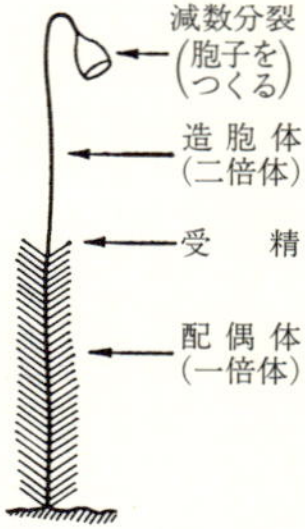

第6図　世代の交番

合には、一倍体の細胞(配偶子)が何回も通常の有糸分裂を行い、完全な一倍体の個体ができ上がります。蜜蜂の雄蜂はこのようなものの例で、これは無性的に、すなわち女王蜂の受精しない、したがって一倍体の卵から生ずるのです。雄蜂には父親がないのです——その体細胞はすべて一倍体なのです。だから、それはものすごく大きくなった精子である、といってもさしつかえありません。そして誰でも知っているように、実際にも、精子と同じ働きをすることが、雄蜂の生涯の唯一の役目となっているのです。しかし、このような見方は、おそらく滑稽なものでしょう。なぜなら、こういう場合は他にないわけではないのです。植物の中の或る種のもの(分類学上いくつかの門)は減数分裂によってつくられる胞子と呼ばれる一倍体の配偶子が、種子と同じように地面に落ちて生長し、普通の二倍体の植物と同じような大きさの、一倍体の本物の植物になります。第6図は、普通の森の中によくあるありふれた苔を大ざっぱにスケッチしたものです。下の方の葉のついた部分は一倍体で、配偶体といいます。その上端部に生殖器官と配偶子とがつくられ、その配偶子が互いに接合して普通の方法で二倍体のものをつくります。この二倍体は茎が裸で、一番先に鞘《キャプセル》を具えています。これは先の鞘の中で減数分裂により胞子をつくるので造胞体と呼ばれます。鞘が開くと、胞子は地面に落ちて生長し、葉のある茎を生じ、これが次々に繰り返されます。このような一連の現象の移り変りを、世代の交番といううまい言葉で呼んでいます。人や獣のような普通の動物の場合を同じように考えることもできます。ただしこの場合には、配偶体は通常はなはだ短命な単細胞の世代であり、それぞれの場合により精子あるいは卵細胞がこれです。われわれの身体は造胞体に相当するものです。われわれの場合の「胞子」はいわゆる別にしておかれた細胞であり、それから減数分裂によって単細胞の世代ができるわけです。（ただし胞子はすでに一倍体になっているが、われわれの生殖器官細胞は二倍体です——訳者註。）

17　減数分裂はとりわけ重要である

個体が増殖する過程の中で重要な、真に決定的なできごとは、受精ではなくて減数分裂です。一組の染色体は父から、もう一組は母からきたものです。このことは偶然とか運命とかに左右されるものではありません。すべての人*は、その遺伝のちょうど半分を母に、他の半分を父に負っています。どちらか一方の血統が勝っているようにみえることがしばしばありますが、それは別の理由によるので、これについては後で説明します。(実は、男性女性という性別自身が、そのような優劣関係の最も単純な場合なのです。)

＊ 差し当り、すべての女の人は、といえます。この総括的な説明では、冗長になるのを避けるために、性の決定および伴性形質(たとえば色覚異常のような)に関するはなはだ興味深い問題は除外しました。

しかし、遺伝の源を祖父母までさかのぼってあとづけてゆくと、この事情は異なります。いま私の父方から受けた染色体の組、特にその中の一つ、たとえば第五番目のものに注目してみましょう。それは、私の父が、そのまた父から受取った第五番目の染色体か、あるいはその母から受取った第五番目の染色体かのどちらか一方の寸分違わぬ複製であります。このどちらであるかは、一八八六年一一月に私の父の体内で起こった減数分裂の際、五〇対五〇の確率で決定されたのです。その減数分裂により精子がつくられ、それが、その数日後には私を生み出すのに役立つことになったわけです。これとまったく同じ物語を、私の父方の染色体の組の第一、二、三、……、二三番目のものについても繰り返すことができますし、私の母方の染色体の組のどの一つの染色体についても同様です。その上さらに四六本の染色体のすべてについて、事はまったく互いに独立です。たとえ、私の父からきた方の染色体の第五番目のものが、私の祖父のヨゼフ・シュレーディンガーからきたものであることがわかっていたとしても、第七番目のものが、ヨゼフからきたか、あるいは彼の妻のマリー・ネエ・ボグナーからきたか、どちらがより確からしいかをいうことはできません。

18　乗り換え。遺伝形質は染色体の局部的な場所に座を占めている

しかし実は、祖父母の遺伝形質が孫において混ぜ合わされることに対してまったくの偶然性が介入する範囲は、今までに述べたことから察せられるよりももっと広いのです。今までの説明では、どの特定な一つの染色体も全体として祖父あるいは祖母のどちらか一方からきたものだということを暗々裡に仮定するか、あるいは公然とそう述べてさえおきました。個々の染色体は分割されずに伝えられるものだとしてきたわけです。実際には、そうではありません。少なくとも常にそうだとは限らないのです。たとえば父の体内で起こる減数分裂の際に、おのおのの二つの「相同」染色体は分離する前に、お互いにぴったりとくっつき合います。その間に、この二つの染色体は第7図に示したよう

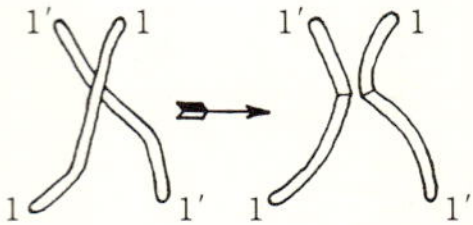

第7図　乗り換え．左は二つの相同染色体が接触しているところ．右は乗り換えが行われて分離した後．

なふうに一部分をそっくりそのまま交換することがしばしばあります(第8図はこの現象の顕微鏡写真で、もっとぴったりとしかも数箇所でくっついています)。この「乗り換え」と呼ばれる過程によって、その染色体のそれぞれの部分に位置していた二つの形質が孫の代では分離して、孫はその染色体(父から受けたもの)の一部分を祖父から受けつぎ、他の部分を祖母から受けつぐ、というようなことが起こります。この乗り換えの起こるのは、ごく稀でもなければ頻繁すぎることもないので、染色体の中で諸形質が座を占める位置を知るのに非常に貴重な手掛りになりました。この点を十分に説明するためには、次の章までは説明しない言葉(たとえば異型接合とか優性・劣性など)を使わなければなりませんが、そのような詳しい説明は本書の範囲を超えるので、特に著しい点だけを直截にお話しすることにしましょう。

もし乗り換えということがまったくなかったなら、同一の染色体がになっている二つの形質は、常に必ず一緒に受けつがれるわけで、その一方だけを受取り他方を受取らないような子孫はまったくないわけです。そしてまた、別々の染色体に負う二つの形質は

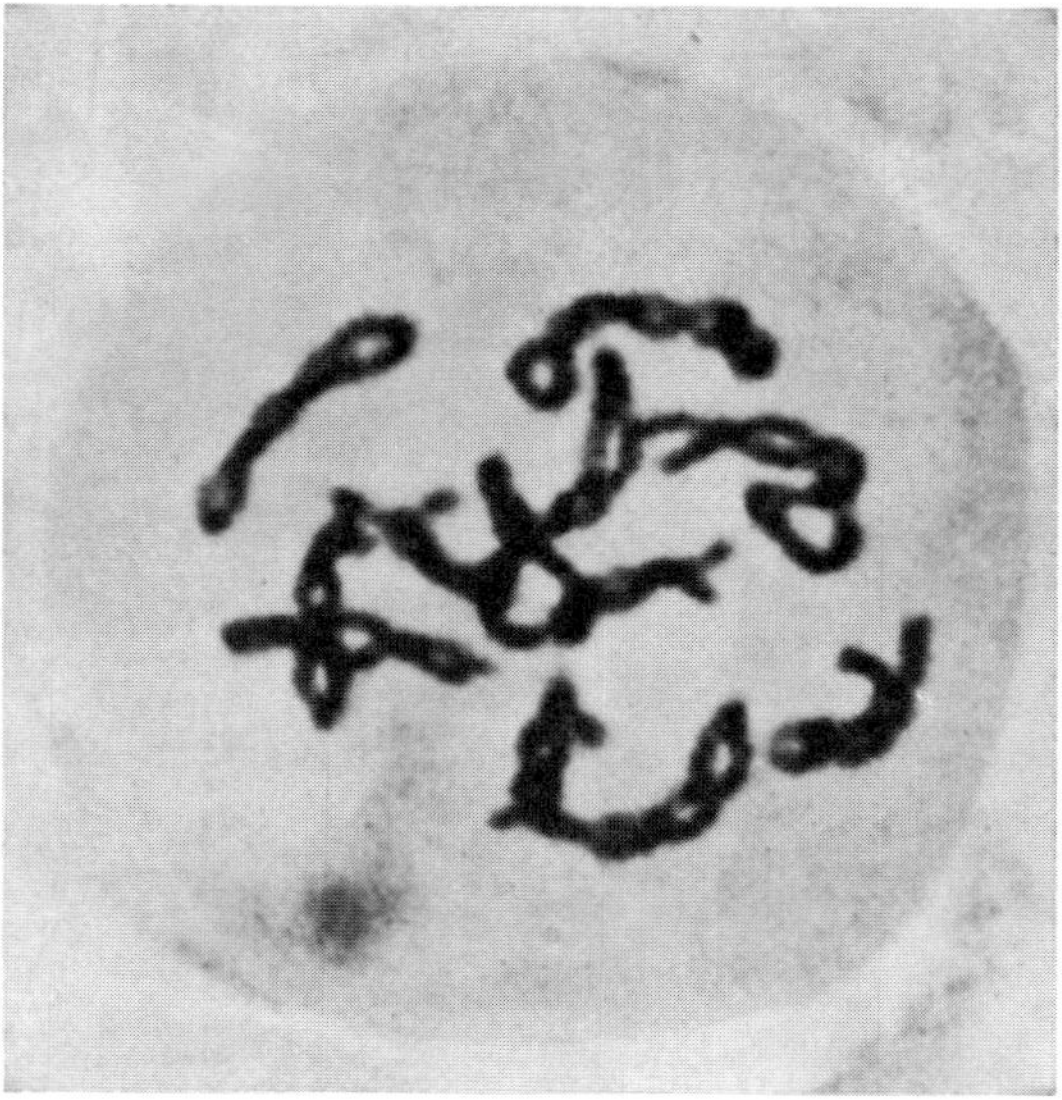

第 8 図　ユリの一種(*Fritillaria chitralensis*)の花粉母細胞における 12 個の染色体対．輪の交わっている点は対の相手とのあいだの乗り換えの位置を示す．

五〇対五〇の確率で分離するか、あるいは常に必ず分離します。ただし後者は二つの形質が同一祖先の二つの相同染色体にそれぞれ座を占めている場合で、この場合には二つは決して一緒に伝わってゆくことはありません。

これらの法則や確率は、乗り換えによって乱されます。そこで、この乗り換えという出来事の起こる確率を確かめるには、長期にわたる育種実験を、この目的に適合するように計画して行い、その子孫の色々な形質のものの割合を注意深く記録すればよいのです。この記録の統計を解析する際に、次のような示唆に富む作業仮説を採用します。すなわち、同一の染色体の上に位置している二つの形質の間の「連関《リンケージ》」が乗り換えによって破られることは、その両者が座を占めている位置が互いに近ければ近いほど、稀にしか起こらないというのです。なぜなら、その場合には染色体が交叉する点が二者の位置の中間にある確率は少ないが、これに反して、染色体の両端近くにそれぞれ位置を占めている二つの形質は交叉をするたびごとに必ず分離します。(まったく同じことが、同一祖先の相対する二つの相同染色体のそれぞれに位置している二形質の結合の場合についてもあてはまります。)このようにして「連関に関する統計」から、一つ一つの染色体内の一種の「形質の地図」をつくることができると考えられるのです。

このような予測は、十分に確かめられました。十分に実験検査の行われたものでは(主にショウジョウバエ、ただしそれだけではないが)、検査された形質は実際に、互いに連関をもたない数個の別々な群に分たれ、その群の数は異なった染色体の数と同数です(ショウジョウバエでは四)。おのおのの群について、それらの形質を一直線に並べた一種の地図を描くことができ、それはその群中の任意の二つの形質の間の連関の度を定量的に説明するものです。したがって、それらの形質が実際に特定の座を占めており、しかも染色体の棒状の形が示しているのと同様に、一直線に沿って並んでいることはほとんど疑いありません。

もちろん、これまでに描いた遺伝のしくみの図式は、まだまだ内容が空虚で見栄えしないものであり、少し素朴なものとさえいえます。そのわけは、形質とは一体何のことをいっているのかを正確に述べていないからです。一つの生物体の型《パターン》をいくつかのバラバラな「形質」に分けてしまうことは適当でもないし、また可能でもないように思われます。生物体の型は本質的に一つの統一されたもの、一つの「全一体」なのです。ところが、実際問題として、われわれが何か一つの場合について述べるときには、一対の先祖が或る一つのはっきりとした点で異なっているならば(たとえば一方は眼が青く他方は褐色)、その子や孫はこの点に関していずれか一方を受けつぐ、というふうにいいます。われわれが染色体の中に特定の位置を考えるのは、この差異の位置する座席のことです。(学術用語ではこれを「因子座」と呼びます。あるいはそれの基礎となっている仮想的な物質構造を考えるならば、「遺伝子《ジーン》」と呼びます。) 私の見解では、「形質」自身よりむしろ「形質の差異」の方が本当は根本的な概念です。もっとも、このような言い方はうわべは、言葉の上からいっても論理的にも矛盾しているわけですが、形質の差異は実際に飛び飛び(不連続)なものです。それは次章でわかるはずです。そこでは突然変異について説明しなければなりませんが、これまでに述べてきた無味乾燥な図式を、そこでもっと内容のある生き生きしたものにしたいと思います。

19　遺伝子の大きさの限界

ここではじめて遺伝子という言葉を使いましたが、これは一定の遺伝的特徴を運ぶにない手である物質を仮想して、それを呼んだものです。ここで、われわれの研究に大いに関係のある二つの点を強調しておかなければなりません。第一は、そのにない手の大きさ——むしろ大きさの上限といった方がよいのですが——です。いいかえれば、それが座を占める場所をどのくらいまで小さな容積の中に追いつめることができるか、ということです。第二の点は、生物の遺伝型の持久性から推して、遺伝子はどの程度永続性のあるものかということです。

大きさに関しては、二つの互いにまったく独立な見積りがあります。一つは遺伝学上の事実(育種実験)に基づくもので、もう一つは細胞学上の事実(直接顕微鏡で検べたこと)に基づくものです。第一のものは原理はまったく簡単です。先に述べたようなやり方で(たとえばショウジョウバエについて)、いろいろな染色体のどれか特定の一つの中に、かなり多数の異なる(巨視的)形質の位置を定めたならば、次に所要の見積りを得るために次のようにします。すなわち、その染色体の長さを測って、その長さを形質の個数で割り、それに染色体の断面積を掛ければよいのです。なぜなら、いうまでもなくわれわれが別々の形質とみなして勘定するのは、乗り換えによってしばしば分離するものに限りますから、それらの形質が同一の物質構造(顕微鏡的または分子的大きさのもの)によることはありえないからです。ただし、このような見積りによって得られるのは大きさの上限であることは明らかです。なぜかといえば、遺伝学的な解析によって別々にきり離すことのできる形質の数は、研究が進むにつれて絶えず増えてゆくからです。

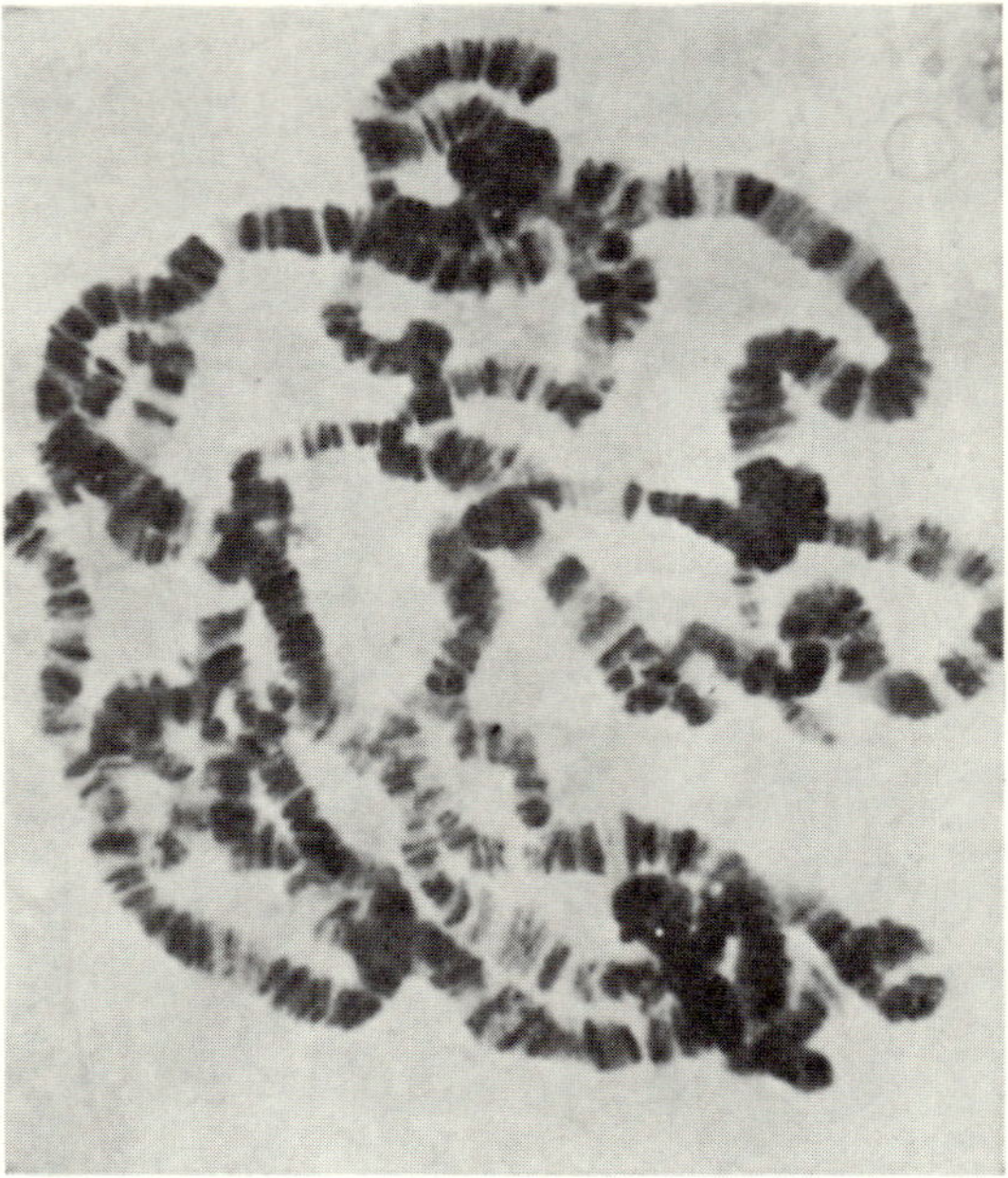

第 9 図　ショウジョウバエ(*Drosophila melanogaster*)の唾腺細胞の静止核．遺伝子は 8 回の増殖を経ており，したがって各遺伝子は 256 個あり，つながって平板状をなしている．大きな遺伝子ほど一層濃く染まった帯をなす．(巨大な唾腺細胞は，染色体が 2 倍になっても細胞分裂を起こさないで，そのまま染色体が増殖を重ねることによりできる．)

もう一方の見積りは顕微鏡による検査に基づいてはおりますが、実際にはもっとはるかに間接的なものです。ショウジョウバエの或る特定の細胞(実は唾腺細胞)は或る理由により、ものすごく巨大になっており、その染色体も同様です。この場合には、その紐状の染色体を横切っている暗色の帯がこみいった模様をなしているのを見分けることができます(第９図をみよ)。Ｃ・Ｄ・ダーリントンの言によれば、これらの帯の数(彼の取り扱った場合では二〇〇〇)は、かなり多すぎはしますが、育種の実験によりその染色体中に位置づけられた遺伝子の数とおおよそ同じ程度のものです。ダーリントンはこれらの帯が実際に遺伝子を示すものだと(あるいは遺伝子が別々に分離していることを示すものだと)みなそうとしています。彼は正常の大きさの細胞について染色体の長さを測って、それを今述べた帯の数(二〇〇〇)で割り算して、一個の遺伝子の占める容積は一辺三〇〇オングストロームの立方体の容積に等しいといっています。このような見積りが大ざっぱなものだということを考慮に入れると、この数字は第一の方法により得られた大きさとも等しいとみなすことができます。

20　遺伝子は少数個の原子から成る

私がいま改めて述べたすべての事実に対して、統計物理学がどのような意義をもつかを十分に論ずることは――あるいはむしろ、生きている細胞の中のことに統計物理学を適用することに対して、これらの事実がどのような意義をもつかを論ずることは、というべきかもしれませんが――後にゆずりましょう。しかしここでは次のことを注意しておきます。すなわち、三〇〇オングストロームというのは、液体または固体の中での原子間の距離の約一〇〇ないし一五〇倍にすぎないので、一つの遺伝子が原子をおよそ一〇〇万ないし数百万個以上は含まないことは確かです。この程度の数では、統計物理学により秩序正しい規則的な行動が必然的にでてくるにはあまりに少なすぎます（$\sqrt{n}$法則から考えてみて）。これはまた、物理学による規則正しい現象が現われないということを意味します。たとえこれだけの数の原子が、気体や一滴の液体の中の場合のように、すべて同じ役割を演じたとしてもなお、少なすぎるのです。しかも、遺伝子が一滴の均質な液体のようなものではないことはまったく確実です。遺伝子はおそらく一個の大きなタンパク分子であり、その中ではおのおのの原子や基《ラディカル》や原子の環《リング》(炭素の他に酸素・窒素・イオウなどの異種原子が環状につながったもの）の一つ一つは、それぞれ固有の役割を演じ、他のいずれの同種の原子・基・環とも、多かれ少なかれ異なる役割を演じます。とにかく、ホールデンやダーリントンのような指導的な遺伝学者はこのような意見をもっているのです。そして、この考えをほとんど証明するような遺伝学上の実験について、じきにお話ししなければなりません。

21　遺伝子の永続性

さて、第二の非常に大切な疑問に目を向けましょう。遺伝形質の中でわれわれが出くわす永続性というのは、どの程度のものでしょうか？　そして、その永続性から推して、それらの形質をになっている物質構造は如何なるものだと考えなければならないのでしょうか？

この問いは、何ら特別な研究をしなくても答えることが実際できます。われわれが遺伝形質ということを言うだけですでに、その永続性がほとんど揺ぎないものであることを認めていることになります。なぜなら、親から子へと伝えられてゆくものは、たとえば鉤鼻とか、指が短いとか、リューマチにかかりやすい体質とか、血友病とか、喘息とかいうようなあれやこれやの特異な特徴だけではないということを忘れてはなりません。このような特徴は、遺伝の法則を研究するために便宜上選ばれるのです。だが実は、そもそも「表現型」の(四次元的な)全体の型、すなわち、個体の目にみえる外に現われる性質が、何世代にもわたり大きな変化もなく再生産され、数世紀の間持続し——もっとも、数万年もの長い間永続するわけではありませんが——、親から子へと伝えられるたびごとに、接合して受精卵をつくる二つの細胞の核の物質構造によって運ばれるのです。これは実に一大驚異であり、これに勝る驚異はただ一つしかありません。その最大驚異というのは、たとえ第一の驚異と密接な結びつきがあるにしても、なおかつ次元を異にした一段上のものであります。いったい私は何のことを言っているのかというと、それは、われわれのような、その全存在が実にこの種の驚くべき相互作用に基づいているものが、なおかつそれについてかなりの知識を獲得する能力をもっているという事実であります。私はこの後者の知識が第一の驚異をほとんど完全に解明するところまで進んでゆくことは可能である、と考えています。第二の驚異はおそらく人間が理解しうる範囲を超えたものでありましょう。

第三章　突然変異

お前たちはゆらぐ現象として漂っているものを
持久する思惟で繋ぎとめてゆくがよい。

ゲーテ

22　不連続な突然変異——自然淘汰の行われる根拠

私がただいま、遺伝子の構造は永続性をもつものだと主張するために、その証拠としてあげた一般的なことがらは、おそらく皆さんが十分よく御存知のことで、別に驚くべきことでもなく、そうかといってこれなら確実だというほどのものでもないでしょう。ところが、ここでもまた、例外が法則の存在を明らかにするという諺が、実際そのとおりあてはまるのです。もし、親と子とが似ているということに例外がなかったなら、おそらく、遺伝の詳しいしくみを明らかにしてくれたあの多くの美しい実験はまったくなされなかったでしょうし、そればかりでなく、あの壮大な何百万回と積み重ねられる大自然の実験も気づかれずに終わったことでしょう。ところが、この大自然の行う実験こそ、自然淘汰と最適者の生存とによって種を生み出すものなのです。

この最後に述べた重要な問題を、差し当り必要な諸事実を述べる出発点にしましょう。ここで重ねて、私が生物学者ではないことを諒承してそのつもりで聴いて下さるようにお願いします。

ダーウィンは、最も均質な集団の中にさえも必ず現われる小さな連続的な偶然変異がもとになって自然淘汰が行われると考えましたが、今日ではこの点に関してはダーウィンの誤っていたことがはっきりわかっています。なぜなら、そのような偶然変異は遺伝しないことが証明されているからです。この事実は重要ですから、簡単に説明しておく必要があります。純系の大麦を一束とって、一穂一穂の芒《のぎ》の長さを測って統計をとり、その結果をグラフに描きますと、第10図に示すような鐘形の曲線が得られます。図は芒の長さを横軸にとり、それぞれ一定の長さをもった穂の数を縦軸にとって描いたものです。これは、或る定まった中位の長さが一番多くて、それより長いものも短いものも或る頻度で生ずるということを意味します。そこで、芒の長さが平均よりかなり長い穂(たとえば図で黒で示したもの)を一束とり出します。ただしその数は十分多くてそれだけを畑にまいても新たに収穫できる程度とします。これに対して前と同様な統計をとると、ダーウィンの考えに従うならば、今度の曲線は右の方に移動しているはずです。いいかえれば、このような選択をすることによって穂の平均の長さが増したものが得られることが予想されます。ところが、本当に純系の大麦を用いたのなら、実際にはそうなりません。選び出した大麦から得られた新しい統計曲線は最初の曲線とまったく同じです。前と反対に特に芒の短い穂を選んでまいた場合でもまったく同様です。選択(淘汰)によっては何らの影響も現われません——小さい連続的な変異は遺伝しないからです。明らかにそのような変異は遺伝物質の構造に基づいて起こるものではありません。偶然的なものなのです。ところが、今から約四〇年前に、オランダ人ド・フリースは、完全に純粋種のものの子孫にさえも、小さいが「飛び離れた」変化をしたものがごく少数、たとえば何万に二つとか三つとかの割合で出現する、というこ

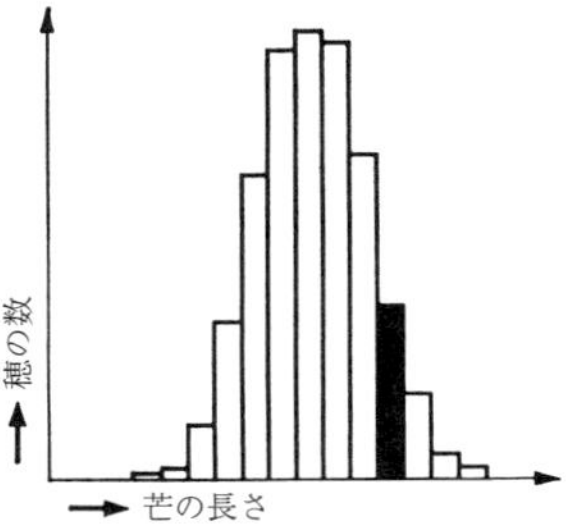

第 10 図　純系種の大麦の芒の長さの統計．黒く示したのは播種するために選び出すもの．(これは実際の実験の結果そのものではなく，図解のためにつくったものである．)

とを発見しました。「飛び離れた」という言葉は変化がはなはだ大きいという意味ではなく、変化の起こっていないものとごく少数の変化の起こったものとの中間の形のものがまったくない、という意味で不連続性があることを意味します。ド・フリースは、それを突然変異と名づけました。不連続性ということが重要なことなのです。これは、物理学者に量子力学――隣り合った二つのエネルギー準位の中間のエネルギーは現われないこと――を連想させます。物理学者は、ド・フリースの突然変異の説を、比喩的に生物学の量子論と呼びたいような気がするかもしれません。後の説明で、これは単なる喩え以上に深い意味のあることがわかるはずです。実際、突然変異は、遺伝子という分子の中で起こる量子飛躍によるのです。しかし、ド・フリースがその発見を最初に発表した一九〇二年には、量子論は誕生後わずか二年にすぎなかったのでした。両者の深い結びつきを見出すまでにもう一世代かかったのも不思議ではないわけです。

23　突然変異種は育種可能である、すなわちそれは完全に遺伝する

突然変異は完全に遺伝するもので、その点では、元の変異していない形質とまったく変りありません。一例をあげますと、先に述べた大麦の場合、第一世代の収穫の中に、

芒の様子が第10図に示した変異の範囲からかなり逸脱したような穂をもつもの、たとえば芒がまったくないようなものが若干現われることがあります。それらは、ド・フリースの突然変異であることがあり、その場合には、完全にそのままの形で育種されます。いいかえれば、その子孫はことごとく同じように芒なしです。

したがって、突然変異というものは、明らかに、親ゆずりの財産に或る変化が起こったものであり、遺伝物質に起こった何らかの変化によって説明されなければなりません。現に、遺伝のしくみをわれわれに明らかにしてくれた重要な育種実験の大部分は、突然変異を受けた個体(多くの場合何重にも変異を受けたもの)と変異を受けていないもの、あるいは異なった突然変異を受けたものとを、あらかじめ見透しをたてた計画に従って掛け合わせて、それにより得た子孫を注意深く解析することに他ならないものでした。他方では、突然変異種がそのまま遺伝するということにより、突然変異というものは、ダーウィンが述べたように、不適者を絶滅させ、最適者を生き残らせることにより、自然淘汰を行って種をつくりだすための鍵として、はなはだ適したものなのです。ダーウィンの進化論の中で、彼のいう「ごくわずかな偶然的な変異」という言葉を、「突然変異」で置き換えさえすればよいのです。(ちょうど、量子論で、「連続的なエネルギーの移動」を「量子飛躍」で置き換えるのと同様です。）ダーウィンの説は、その他のすべての点では、ほとんど変更の必要がありません。ただし、生物学者の大多数により支持されている見解*を私が正しく解していると して のことですが。

＊ 突然変異が、或る一つの有用なまたは好都合な方向に特に起こりやすいということが、はたして自然淘汰を助けているかどうか（自然淘汰の代りをするのではないにしても）、という疑問に対しては、これまで多くの議論が十分になされてきました。このことに関する私の個人的な見解は重要ではありませんが、或る「方向づけられた突然変異」があるいは起こるかもしれないということを、以下の叙述全体にわたって無視したことは述べておく必要があります。なお転換遺伝子または多義遺伝子の相互作用については、その問題が淘汰および進化の実際のしくみにとって如何に大切なものであろうとも、ここではそれに立ち入ることはできません。

24　遺伝子の座、劣性と優性

次にここで、突然変異に関する基礎的な事実と概念とを他にもう少しお話ししますが、ここでもまた、それらの事実や概念が実験的な証拠から一つ一つ導かれてきた道筋を直接お見せしないで、少し天下り式に説明しなければなりません。

実際現われる一定の突然変異は、一個の染色体の中の一定の部分に起こる或る変化によりひき起こされるということが当然予想されます。そして実際そうなのです。ここで言っておかなければならない大切なことは、その変化というのはただ一個の染色体の中だけの変化であって、相同染色体の対応する「座」には変化が起こらないことがはっきりわかっているということです。第11図はこのことを図式的に表わしたもので、×印は突然変異を起こした「座」を示しています。ただ一つの染色体だけが変化を受けていることは、変異した個体(「突然変異種」と呼ばれます)を変異を受けていないものと掛け合わせると、はっきりとわかります。というのは、子の正確に半数だけが、変異形質を現わし、他の半数は正常な形質を示すからです。これは、突然変異種における減数分裂に際し二つの染色体が分離する結果として予期されることです。第12図はこのことをはなはだ図式的に示したもので、相つぐ三世代のすべての個体を、問題にしている染色体に関してだけ表わす「系図」です。もしも、突然変異種が、その一対の染色体の両方ともに変異を受けていたなら、その子はすべて、両親のどちらとも異なる同一の遺伝(両親の形

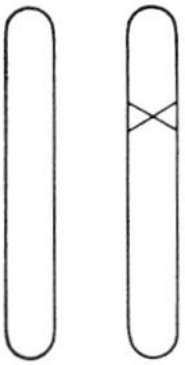
第 11 図　異型接合突然変異種. ×印は変異を受けた遺伝子座を示す.

質の混合したもの)を受けるはずだということをよく考えてごらんなさい。

しかし、この種の問題を取り扱う実験は、今までに述べたことから想像されるほど簡単なものではありません。それらの実験が面倒なものになるのは、突然変異は潜在的である場合が非常に多いという第二の重要な事実によるのです。それは一体どういうことなのでしょうか?

突然変異種にあっては、「二枚の暗号文」はもはやまったく同じものではありません。それらは、とにかく少なくともその一箇所で異なる二枚の写本のようなものです。二つの写本のうち、元どおりの方が「正式」のもので、変り種の方は「異式」だととかく考えがちですが、そのような見方が全然まちがったものだということをまず第一に指摘すべきでしょう。両者は原則的には同等の権利

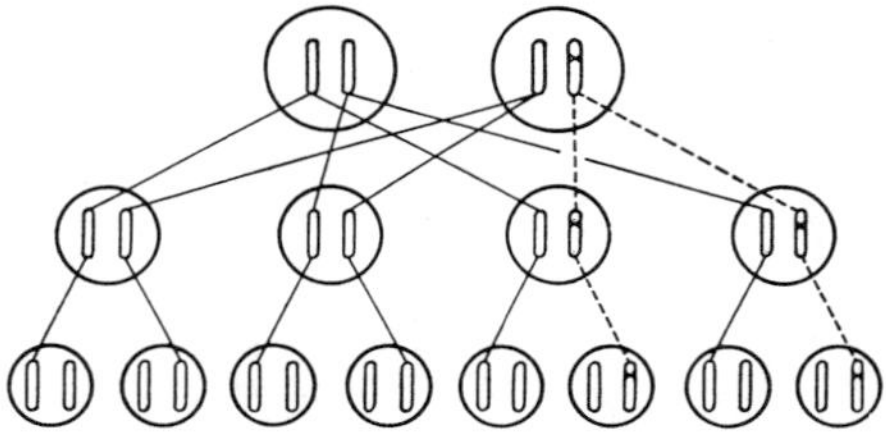

第 12 図 突然変異の遺伝. 実線は正常染色体の移行を示し, 破線は突然変異染色体の移行を示す. 第三世代の出所を示していない染色体はこの図に描いていない第二世代の配偶者からきたもの. それらは近親者でなく突然変異を受けていないと仮定してある.

をもつものだとみなさなければなりません——なぜなら、正常な形質といえども、やはり突然変異により生じたものだからです。

実際に行われることはといえば、個体の「型」は一般法則としては、二つの写本のどちらか一方に従って定められるのであって、それは正常の方の場合もあり、また変異した方の場合もあるのです。この際「型」を定める方の写本に当るものを「優性」と呼び、他の一方を「劣性」と名づけます。これをいいかえて説明するなら、突然変異は、生物の型を変えるのにただちに効果を現わすか否かに従って、優性あるいは劣性と呼ばれるのです。

劣性変異は優性変異よりずっとちょいちょい現われるもので、はじめは全然表に現われませんがはなはだ重要なものです。生物の型に影響を与えるためには、それらは(第13図のように)一対の染色体の双方に存在しなければなりません。このような個体が生ずるのは、二つの同様な劣性の突然変異種の個体がたまたま互いに交配するか、または一つの突然変異種が自己交配するときに限ります。

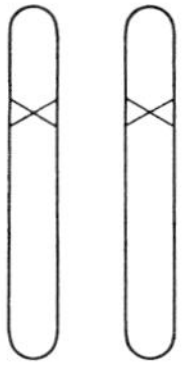

第 13 図　同型接合突然変異種．異型接合突然変異種(第 11 図をみよ)の自己交配または相互交配による子の 4 分の 1 に現われる．

後者は雌雄同体植物の場合に可能であって、人工的ではなしに自然にも起こります。これらの場合に子の約四分の一がこのような変異型をもち、したがって外見上も変異した型を現わすことは少し考えればわかることです。

25　若干の学術用語の紹介

ものごとをはっきりさせるために、ここで二、三の学術用語を説明した方がよいと思います。私が「暗号文の二つの写本」と呼んだものの中の、二つの写本の間に違いが起こりうるような箇所(染色体上のそのような座)に存在すると考えられるものは「対立因子」と呼ばれてきました。第11図に示したように二つの写本が違っている場合には、その個体はその座に関して異型接合であると呼びます。両者が等しい場合、たとえばまったく変異を受けていないかまたは第13図のような場合には、それらは同型接合と呼びます。したがって(これらの用語を使えば)、劣性対立因子は同型接合の場合にのみ効果を外の形に現わし、一方、優性対立因子は同型接合でも異型接合でも同じ形をつくりだします。

生物体の「色がある」という形質はたいていの場合、色素の欠如(あるいは白色)という特性に対しては優性です。したがって、たとえば、エンドウの花の色が白いのは、白色に対する劣性対立因子を問題の染色体の双方にもっているとき、すなわち、白色に関して同型接合の場合に限ります。そのような場合には純系であって、その子孫はすべて白色です。しかし、「赤色対立因子」を一つもつなら(もう一方は白色で、異型接合の場合)、赤い花が咲き、二つとも赤色対立因子の場合(同型接合)も同様です。後の二つの場合の差は、子の代になってはじめて表に現われるのであって、異型接合の赤色のものの子には白色のものが若干できますが、同型接合の赤色のものの子はすべて赤色です。

二つの個体が表に現われた外観はまったく相似でありながら遺伝的性質が異なるということははなはだ重要なことで、正確な区別を見出すことが望ましいものです。この場合、遺伝学者は、両者は表現型は同一だが遺伝型が異なる、といいます。したがって前節の内容を一まとめに言い表わすと、はなはだ専門的ではありますが簡潔に次のようになります。

劣性対立因子は遺伝型が同型接合のときにのみ、表現型に効果を現わす。

今後はこのような専門的な言い方をしばしば用いますが、必要に応じて読者にその意味がわかるように説明するつもりです。

26　近縁交配は有害な結果を生ずる

劣性突然変異は、単に異型接合にとどまっている限りは、もちろんそれがもとになって自然淘汰が行われるというようなことにはなりません。突然変異は有害な場合がはなはだ多いのですが、もしその突然変異が有害なものであったとしても、潜在しているために、根絶やしにはならないものです。したがって不利な突然変異がかなり多数集まって、しかもすぐには害が現われないことがあります。しかしもちろん突然変異は子孫の半数に伝えられます。そこで人や家畜や家禽あるいはその他の種など、その品質の優良であることがわれわれにすぐ関係するようなものに対して、突然変異を適用することは重要です。第12図では、一つの男性個体(具体的にするために、たとえば私自身)が劣性の有害な突然変異因子を一個もち、異型接合であり、したがってそれが表に現われていないとしてあります。私の妻がそのような突然変異因子をもっていないとすると、私と妻との子供(図の第二行)の半数はやはりその因子をもっています――私と同様異型接合の形で。次にもし全部の子供が再び突然変異因子をもっていない配偶者(図では混乱をさけるために省略してある)と配偶するならば、私たち夫婦の孫は平均してその四分の一が同じような具合に影響を受けているはずです。

そもそも突然変異による害が表に現われるような危険が生ずるのは、同じように変化を受けている二つの個体が互いに交配した場合に限ります。そのときには、ちょっと考えてみればわかることですが、子供の四分の一が同型接合で、害が現われます。自己交配(雌雄両性植物にのみ可能)に次いで最も害の多いのは、私の息子と娘との結婚です。この二人のどちらもが、表に現われない潜在的な影響を受けている確率と受けていない確率とが等しいのですから、かかる近親結婚の組の四分の一は、その子供の四分の一に害が現われるという危険をはらんでいます。したがって、近親交配により生まれた子供に対する危険率は一六分の一です。

同様にして、互いにいとこ同士の私の(直系の)孫二人の間の結婚による子供に対する危険率は六四分の一になることがわかります。この危険率はひどく大きすぎるとは思われませんが、事実この第二の場合は普通黙認されています。しかしながら、ここで考察したのは、祖父母夫婦(私と私の妻)のどちらか一方に潜在的な欠陥がただ一つだけあった場合にどうなるか、ということであるのを忘れてはなりません。実際には、祖父母の双方共がこの種の潜在的な欠陥を一つ以上もっていることは決して稀ではありません。

もしもあなた自身が或る一つの欠陥を潜ませていることがわかっているならば、あなたのいとこのうち、実に、八人につき一人は同じ欠陥を分けているとみなさなければなりません。いろいろな植物や動物による実験の示すところによれば、重大な欠陥は比較的稀ですが、そのほかにもより小さな欠陥がたくさんあって、それらが結びついて近縁交配による子孫全体が害されることが多いように思われます。今日われわれは、これらの欠陥を根絶やしにするために、かつてスパルタ人がティゲトス山で行っていたような乱暴なやり方をしようとはもはや思いませんから、*われわれは人間の場合について、これらの問題を特に重要視しなければなりません。人間では、最適者を選びだす自然淘汰がひどく削減され、むしろ、逆方向に転化されているからです。近代戦によるすべての国の健康な青年の大量殺戮というものの非選択的な効果は、もっと原始的な条件の下では戦争は最適の種族を選択的に生き残らせるという点で積極的な価値をもっていたかもしれないという考え方によって、おしかくせるものではないでしょう。

* 生まれた赤児を検査して、障害をもつ場合には山中の岩穴に棄てさせたという伝説(訳者註)。

27　一般的な注意と史実

劣性の対立因子は異型接合の場合には、優性の対立因子により完全に支配されて、目にみえる効果をまったく生じないということは、実に驚くべきことです。少なくとも、このようなことにいくつかの例外があることだけは、述べておかなければなりません。同型接合の白色の金魚草を、同じく同型接合の深紅色の金魚草と交配しますと、その子はすべて中間の色、すなわち桃色になります(深紅色だろうと思われるかもしれませんが、そうではありません)。二つの対立因子がその影響を同時に現わす場合でもっとずっと重要なものは、血液型の場合に起こります――しかしここではその問題に立ち入ることはできません。もしも将来、結局は劣性ということは程度の問題であって、「表現型」を検べるのに用いる検査法の鋭敏度に依存することがわかったとしても、私は別に驚きはしないでしょう。

ここで、遺伝学の初期の歴史を少し語るべきでしょう。遺伝学の理論の背景をなすもの、すなわち、両親の異なる性質が子孫の次々の世代へ遺伝することの法則、およびさらに特殊なものとして劣性＝優性という大切な区別は、今日では世界的に有名なアウグスチヌス派の僧院長グレゴア・メンデル(一八二二―八四年)に負うものです。メンデルは突然変異や染色体については何も知ってはいませんでした。ブリュンにあった僧院の庭で、彼はエンドウ豆を使って実験をしました。エンドウ豆のいろいろな変種を育てて、それらを交配し、その子の第一世代、第二世代、第三世代、……を観察しました。メンデルは自然界にある出来合いの突然変異種をみつけ出して実験したのだということができましょう。彼はその結果を、はやくも一八六六年に、ブリュンの自然科学協会の会報(*Verhandlungen des naturfors. Vereines in Brünn*)に発表したのでした。この僧院長の道楽に特に関心を払った者はただ一人もなかったようであり、確かに誰一人として、この発見が二〇世紀になって、科学のまったく新しい一部門の目標となり、今日最も興味あるものとなるだろうなどとは露ほども考えなかったでしょう。メンデルの論文は忘れ去られ、一九〇〇年に至りはじめて、コレンス(ベルリン)、ド・フリース(アムステルダム)、およびチェルマク(ウィーン)により、時を同じくし、しかも互いに独立に再発見されたのです。

28　突然変異は稀な出来事でなければならない

これまでは、有害な突然変異だけに注意が集中されていた傾きがありましたが、有害なものの方がそれだけたくさんあるのかもしれません。しかし、われわれが出くわす突然変異の中には有利なものも確かにある、ということをはっきりと言っておかなければなりません。もしも一つの自然発生的な突然変異が種の進化の歩みの中での小さな一歩であるならば、或る変化が、有害なものが起こる危険を冒して、どちらかといえば偶然的なやり方で「試みられる」、そしてもし有害な変化であった場合には自動的に滅びてなくなってしまう、というように考えられます。このような考え方からははなはだ重要な結論が一つひき出されます。突然変異が、自然淘汰を営む要素として適切なものであるためには、それは稀にしか起こらない出来事でなければなりません。そして、実際にはそうなのです。もしも突然変異がはなはだしばしば起こるものであって、同一の個体に異なる突然変異がたとえば一〇以上も起こる確率がかなり大きいとしたなら、普通、有害な突然変異が有利なものを凌駕してしまい、その結果、種は淘汰(選択)により改良されはしないで、不変のままで残るか、あるいは滅びてしまうでしょう。遺伝子が高度の永続性をもつことの結果として、比較的に保守的であることが本質的に大切なのです。これと似通った喩えを、工場の大規模な生産設備の働きに求めることができましょう。よりよい方法を発展させるためには、新しい考案はたとえいまだ証明済みでないものでも試みてみなければなりません。しかし、いくつかの新考案が生産高を高めるか減ずるかを確かめるためには、それらの新考案を一時に一つだけ採用し、その際、装置の他の部分はすべて一定にしておく、ということが本質的に大切なことです。

29　X線によってひき起こされる突然変異

次に遺伝学上の一連のきわめて巧みな研究成果をお話しする必要があります。これは本書で究明しようとすることに最も関係のある大切な問題であることが後にわかるはずです。

突然変異が子孫に現われる百分率、すなわち、いわゆる突然変異率は、両親にX線またはガンマー線を照射することによって、自然に起こる突然変異の僅少な率の何十倍にも増すことができるのです。このようにして生じた突然変異は、自然発生的に起こるものとくらべて、(数多く起こるという点の他には)まったく何ら異なるところがありません。そこで、あらゆる「自然的」突然変異はまた、X線によっても誘起されうる、と考えられます。ショウジョウバエについては、多数の特殊な突然変異が、人工的に繁殖させた莫大なハエの中で自然発生的に何度も何度も繰り返して起こります。それらの突然変異は、18節に記したように、各染色体上に位置づけられて、特別な名前がつけられています。「多義遺伝子」と呼ばれるものさえ見出されていますが、これは、染色体暗号文中の同一の場所の二つまたはそれ以上の異なる写本(突然変異を受けていない正常のもの以外の)ともいうべきものです。このことは、染色体中のその特定な「座」に、二つだけでなく三つ以上の突然変異の可能性があることを意味し、そのどの二つも、二つの相同染色体の対応する座に自然発生的に生じたときに互いに優性＝劣性の関係にあるものです。

X線で生じた突然変異に関する諸実験から考えると、あらゆる特定の遷移、たとえば正常個体から或る特定の突然変異種への遷移あるいはその逆のものには、それぞれ固有の「X線係数」があると思われます。このX線係数というのは、子が生まれるまえに両親にX線を一単位量だけ照射したときに、その結果その特定な突然変異を起こした子の百分率をいいます。

30　第一の法則、突然変異は単一事象である

それればかりでなく、突然変異の誘起される率を支配する法則は、きわめて単純でしかもきわめて示唆に富むものです。私はここでは、N・W・ティモフェエフの報告(*Biolo-*

gical Reviews, Vol. 9, 1934.)に従います。それは、大部分ティモフェエフ自身の見事な研究成果に関したものです。第一の法則は次のとおりです。

（一）　突然変異を起こす数は、正確にX線の照射量に比例して増加する。したがって（私がすでに述べたように）増加の係数ということを実際にいうことができる。

われわれは単純な比例関係というものになれすぎているので、このような単純な法則が重要な結果をもたらすものであることを、とかく軽く見すごしがちです。このようなことは、たとえば商品の価格は必ずしもその量に比例しないということを考えてみればすぐわかりましょう。平時には、店であなたがオレンジを六個買ったとすると、売手はそのことに影響されて、あなたがもう六個買い足して合わせて一ダースにしようときめると、六個の値段の二倍より安く売ってくれるでしょう。物の欠乏しているときには、その逆になるでしょう。いまの場合には、最初に全照射量の半分だけ照射して、たとえば一〇〇〇個の個体につき一つだけ突然変異を起こさせたとしても、残りのものはまったく影響を受けず、突然変異を起こしやすくなったり、突然変異に対し免疫になったりすることはありません。もしそうでなかったら、次の半量の照射によって再びちょうど一〇〇〇個につき一つだけ突然変異を起こすことにはならないでしょう。このようなわけで突然変異は、照射されるX線の次々の小部分が互いに力を合わせて作用することによって生ずる累積した効果ではありません。突然変異は照射中に一つの染色体に起こる或る単一の事象であるに違いありません。では一体どんな種類の出来事なのでしょうか？

31　第二の法則、この事象は或る限られた場所で起こる

これに答えるものは次の第二の法則です。

(二)　もしX線の質(波長)を軟らかいX線からかなり硬いガンマー線まで広い範囲にわたって変えても係数には変化がない。ただしいわゆるレントゲン単位で測って同一量を照射するものとする。すなわち照射量を測定するのに、親を照射する位置で照射時間の間に適当に選んだ標準物質の単位容積中に生ずるイオンの総量を線量の尺度とする。

標準物質としては空気を選びますが、これは単に便利だからというだけではなく、生物体の組織をつくっている諸元素の平均原子量が空気の平均原子量と等しいからです。組織中に起こるイオン化およびそれと結びついた諸過程(励起)の総量の下限*を知るには、

空気中でイオン化したものの数に密度の比を掛けるだけでよいのです。

＊　ここで下限といったわけは、イオン化以外の励起などの過程は、イオンを測定する測定法からもれてしまいますが、それらの過程も突然変異をひき起こすのにおそらく有効だからです。

このようなわけで、突然変異をひき起こす単一事象が生殖細胞の或る特殊な微小容積の中に起こるイオン化(あるいはそれと類似の過程)に他ならないということはかなり明らかであり、さらにもっと立ち入った研究により確かめられています。この特殊な微小容積とはどの位の大きさでしょうか？　それは、次のように考えれば、実験で見出された突然変異の率から見積ることができます。いま一立方センチ当り五万個のイオンの照射により、任意の特定の配偶子(照射を受ける部分に存在するもの)が、一〇〇〇分の一の確率で、特定の突然変異を起こすものとすれば、その微小容積、すなわち、その突然変異を起こすためにイオン化の弾丸を的中させなければならない「標的」は、一立方センチの五万分の一の一〇〇〇分の一、すなわちわずかに五〇〇〇万分の一立方センチであるという結論を得ます。この数自身は正しい数ではありませんが、ただ例を示すために用いたのです。実際の見積りについては、ここではデルブリュックに従いましょう(M・デルブリュック、N・W・ティモフェエフ、K・G・チンメルの共同論文＊＊)。

** *Nachr. a. d. Biologie d. Ges. d. Wiss.*, Göttingen, Vol. 1, p. 189, 1935.

これは、次の二つの章で私が詳述しようとする理論の重要な源でもあります。その論文の中でデルブリュックがつきとめた容積は、わずかに平均原子間距離の約一〇倍を一辺とする立方体の容積であり、したがってその中にはわずかに一〇の三乗、すなわち一〇〇〇個の原子を含んでいるにすぎません。この結果を最も単純に解釈すれば、当の染色体のある特定の一点から約「一〇原子距離」以上には離れないところにイオン化(または励起)が一つ起こったときに、その突然変異の起こる確率がかなり大きいということになります。ここで、この問題をもっと詳しく論じましょう。

ティモフェエフの論文の中には、私がここでどうしても述べておかなければならない実際的な問題が暗示されています。もっとも、それはもちろん本書で論ずる問題には関係ありませんが。近代生活では、人がX線にさらされなければならない機会がいろいろとあります。その際の直接の危険、たとえば、やけどとかX線ガン、不妊症などはよく知られているもので、鉛の遮蔽板や鉛をはったエプロンなどによる保護法が、特にX線を常に取り扱う看護婦や医師のために工夫されています。問題になるのは、たとえこのような個体に対する危険がうまく防げたとしても、生殖細胞に小さな有害な突然変異が生ずるという間接的な危険のおそれがあるということです。それは、先に近親結婚による好ましくない結果について述べたとき考察したような種類の突然変異のことです。少し素人くさい言い方かもしれませんが、思いきった言い方をすれば、いとこ同士の結婚の害は、両人の祖母が長い間X線を扱う看護婦をしていたことによってはなはだ増大するだろうといえます。このことは、個々の人が個人的に心配する必要があることではありません。しかし人類の種が望ましくないかくれた突然変異により徐々に害を受けるという可能性に、世の中の人全体が共通の関心を当然はらうべきものと思われます。

第四章　量子力学によりはじめて明らかにされること

かくてお前の魂は火となっていや高く天翔り、
すでに……

ゲーテ

32　遺伝子の永続性は古典物理学では説明できない

このようにして、X線という驚くべき鋭敏な手段により（物理学者の記憶をたどれば、それは約三〇年前に、結晶の構造は原子が格子状に配列しているものであることを詳しく明らかにしてくれたものですが）、生物学者と物理学者とが力を合わせて努力した結果、最近になって、個体の一定の巨視的な特徴を支配する役目をになう微視的構造の大きさ――遺伝子の大きさ――の上限を減らして、19節で得た見積りよりずっと小さくすることに成功しました。われわれはいまや次の重大な疑問に直面しています。

遺伝子の構造が比較的少数個の原子（一〇〇〇の程度、おそらくもっとずっと少ない）

を含むにすぎないように思われるということと、それにもかかわらずそれがきわめて規則的な法則性のある働きを演じ、しかも奇蹟に近い持久性あるいは永続性をもつということとの二つの事実を、いったい統計物理学の立場からどのようにして矛盾なく調和させることができるでしょうか？

真に驚嘆すべき事情をもう一度くっきり描き出してみましょう。ハプスブルク王朝の中のいく人かは特殊な下唇の奇形（ハプスブルク唇）をもっています。その遺伝は、注意深く研究されて、ウィーンの帝国学士院から王家の賛同を得て歴史的な肖像を完全に収めて出版されています。この特徴は正常な形の唇に対して純粋にメンデル性の対立形質であることがわかりました。一六世紀の家族の一員の肖像と、一九世紀に生きていたその子孫の肖像とに注目いたしますと、その異常な特徴をひき起こした遺伝子の物質的構造は、何世紀も通じて世代から世代へと運ばれ、その間に行われたあまり回数の多くない細胞分裂のどの一つにおいても、忠実に複製されたと仮定しても間違いはないといえましょう。それればかりでなく、その役目をになっている遺伝子構造に含まれている原子の数は、X線によって検べられた場合と同じ程度の大きさであるように思われます。この遺伝子はその期間全体を通じて、華氏九八度付近の温度に保たれていたのです。この遺伝子が何世紀もの間、秩序を乱そうとする熱運動の傾向にかき乱されることなく持続したことをどう解釈したらよいでしょうか？

前世紀の末頃の物理学者だったら、そして自分が説明することができ、しかも本当に理解している自然法則だけに頼るつもりであったなら、この疑問に答えることは不可能だったことでしょう。実際、おそらく彼は統計的な事情をちょっと考えてみた後で次のように答えたでしょう(この答は後でわかるように正しいのですが)。「この物質構造は分子以外のものではありえない」と。このような諸原子の結合体が存在し、しかもしばしばはなはだ高度の安定性をもつということについては、当時すでに化学によって広汎な知識が得られていました。しかしその知識は純経験的なものでした。分子の本性は理解されておらず、分子の形を一定に保持する原子相互間の強い結合は何人にもまったく謎でありました。ところで、実際この答は正しいものだったのです。しかしこの答は、えたいの知れない生物学的安定性を追求して、同様にえたいの知れない化学的安定性に結びつけただけだという限りにおいて、或る程度の価値があるにすぎません。見かけの似ている二つの特徴が同一の原理に基づいているという証明は、その原理自身が知られていない限り、常にあてにならないものです。

33　量子論によれば説明できる

この場合には、量子論によって答が与えられます。今日の知識に照らしてみれば、遺伝の仕掛けは、量子論の基礎そのものと密接に結びついている、というよりはむしろ、その上に打ち立てられているといえます。量子論は一九〇〇年マクス・プランクにより発見されたものです。近代遺伝学はド・フリース、コレンス、チェルマクによるメンデルの法則の再発見(一九〇〇年)およびド・フリースの突然変異に関する論文(一九〇一―〇三年)から出発したといえます。したがって二つの偉大な理論の誕生はほとんど時を一つにしており、両者の結びつきができるまでに、或る程度の成熟に達するに時をかさなければならなかったのは不思議ではありません。量子論の側では、四半世紀かかって一九二六―二七年になりようやく、W・ハイトラーとF・ロンドンにより、化学結合の量子理論の全貌が一般的原理において明らかにされました。ハイトラー‐ロンドンの理論は、量子論の最近の発展(量子力学または波動力学と呼ばれるもの)の中で最も巧妙でこみ入った諸概念を含んでおります。計算を用いないでそのおおよその説明をすることは不可能に近く、あるいは少なくとも、本書と同じ位の小さい本を一冊必要とします。

しかし幸いに、われわれの考えを明らかにするために必要な説明はすっかり済みましたから、「量子飛躍」と突然変異との間の関連をもっと直に指摘し、最も顕著な点をいま拾いあげることができると思われます。このことこそ本書でこれから試みようとすることなのです。

34　量子論——飛び飛びの状態——量子飛躍

量子論による一大新事実は、その当時まで行われていた見解に従って連続性以外の如何なることもばかげたことと思われていた背景の中で、「自然という書物」の中に不連続性というものが発見されたことです。

この種の問題の最初の場合はエネルギーに関するものでした。目で見える程度の大きさの物体のもつエネルギーは連続的に変化します。たとえば、振子を振らせますと、その運動は空気の抵抗によってだんだんに遅くなります。ところがまったく奇妙なことに、原子の大きさ程度の体系はそれとは異なったふるまいをすると考えることが必要になったのです。われわれは、ここでは立ち入ることのできないいくつかの根拠によって、小さい体系はその本性上、或るいくつかの飛び飛びの量のエネルギーしかもつことができないということを仮定しなければなりません。その許されたエネルギー量は、その系に固有なエネルギー準位と呼ばれます。或る一つの状態から他の一つの状態への移り変りはかなり不思議な現象でありまして、これは普通「量子飛躍」と呼ばれています。

しかし、エネルギーは一つの体系を特徴づける唯一のものではありません。もう一度振子の場合を取り上げて、今度は振子のさまざまな種類の運動を考えてみましょう。この振子は一つの重い球が天井から一本の糸で吊されたものです。これは、南北にも東西にもまたその他のどんな方向にも、あるいはまた円形にも、または楕円形を描いて振らせることもできます。球をふいごで静かに吹けば、振子を一つの運動状態から他の一つの運動状態へと連続的に移行させることができます。

大きさの尺度のずっと小さい体系の場合には、これらの運動特性またはそれと類似の特性の大部分は――ここでは詳細に立ち入ることはできませんが――不連続的に変化します。それらはちょうどエネルギーと同じように、「量子化」されているのです。

その結果、電子を護衛兵につけたいくつかの原子核は、互いに近づき合って「一つの体系」をなしているときには、ちょっと考えられるような任意の勝手な配置をとることがその本性上できないのです。その本性が、それらをして、非常に多数ではあるが不連続な一連の「状態」だけを選びとらせるのです。* 普通はそれらを準位とかエネルギー準位とか呼びます。その理由は、諸特性の中でエネルギーははなはだ大切な役割をしているからです。しかし、状態を完全に記述するにはエネルギーだけでなく、もっとずっと多くのものを要するということを理解していただかなければなりません。一つの状態とは、すべての粒子の或る一定の配列状態を意味するものと考えれば、まあ一応正しいでしょう。

* 私が用いている説明の仕方は、一般人向きの解説で普通用いられているもので、本書の目的にはこれで十分です。だが私は、この説明が人にとかく陥りやすい或る誤解を植えつけるのではないかと恐れています。本当のところは、或る系のとる状態に関して、しばしば不確定性が介在するという点で、もっとずっと複雑で厄介なものです。

これらの配列状態の一つから他の一つへの移り変りが量子飛躍です。もし第二の状態の方がより大きなエネルギーをもつならば(第二の方が「より高い準位である」なら)、その遷移を可能にするために少なくとも二つのエネルギーの差だけをその系に対し外部から供給しなければなりません。エネルギーのより低い一つの準位に対しては、系は自発的に移り変わることができ、その際、余りのエネルギーを放射の形で放ちます。

35　分　子

原子の種類と数とが与えられたとき、その系の不連続な一組の状態の中に、最低のエネルギー準位というものが必ずあるとは限りませんが、ある場合もありましょう。それは原子核が互いに密接に近づき合った状態を意味します。そのような状態にあるいくつかの原子は一つの分子を形づくっています。ここで強調すべき点は、分子は必ず或る安定性をもっているべきものであるということです。すなわち、少なくとも、それを次に高い準位にまで「引き上げる」に必要なエネルギーの差額が外部から供給されない限り、その配列状態は変わりえないのです。したがってこの準位差は、それははっきり定まった量ですが、その分子の安定性の度合を定量的に決定するものです。この分子の安定性という事実が量子論の根底そのもの、つまり準位構造の不連続性と如何に緊密につながっているかがわかるでしょう。

このような筋道のたった考え方が化学上の事実によってすっかり検証されているということは、読者にわかりきったものとしてお認め願わなければなりません。それによって、化学原子価の基本的なことがらや分子構造に関する多くの詳細なことがら、分子の結合エネルギー、種々の温度における安定性等々をうまく説明することができたということもおわかりのことと仮定します。私はいまハイトラーとロンドンの理論についてお話ししているわけですが、その詳細については、すでに述べたようにここで吟味することはできません。

36　分子の安定度は温度に依存する

ここでは、われわれが取り扱う生物学上の問題に対して最も興味ある点、すなわち、種々の温度における分子の安定性ということを吟味することで満足しなければなりません。問題とする原子の系が最初は実際にその最低のエネルギー状態にあるものとします。物理学者ならば、それを絶対温度の零度における分子と呼びます。その分子を次に高い状態すなわち準位に引き上げるためには、一定量のエネルギーを与えることが必要です。このエネルギーを与えようとするための最も簡単な方法は、分子を「加熱する」ことです。分子を温度のより高いところ(熱源)に入れ、他の系(原子や分子)がその分子に衝突するようにします。熱運動がまったく不規則なものであることを考えれば、或る温度を超えれば準位の「引き上げ」が確実にしかもただちにもたらされるというような鋭い温度の限界はありません。むしろ、どんな温度でも(絶対零度でさえなければ)、大なり小なりその引き上げが起こる或る確率が存在するのであって、その確率はいうまでもなく熱源の温度とともに増加します。この確率を表わす最もよい方法は、その引き上げが起こるまでに待つべき平均時間、すなわち「期待時間」を示すことです。

M・ポラニイとE・ウィグナーの研究*によりますと、「期待時間」はおもに二つのエネルギーの比に左右されるのであって、その一つは引き上げを起こすに必要なエネルギー差それ自身(これをWで表わします)であり、他の一つは問題にしている温度における熱運動の強さを特徴づけるエネルギーの大きさ(絶対温度をTで表わし、特性エネルギーをkTで表わします)**です。引き上げる高さ自身が平均熱エネルギーにくらべて高ければ高いほど、いいかえると、W対kTの比が大きければ大きいほど、引き上げの起こる確率は小さくなり、したがって期待時間が長くなるのはもっともなことです。はなはだ注目すべきことは、期待時間がW対kTの比の比較的小さな変化に対して、如何にはげしく左右されるかということです。一例をあげますと(これはデルブリュックによるのですが)、WがkTの三〇倍のとき期待時間は一〇分の一秒程度の小ささでありますが、WがkTの五〇倍のときは一六カ月に上り、WがkTの六〇倍になると三万年になるのです!

* *Zeitschrift für Physik. Chemie*(A), Harber-Band, p. 439, 1928.

** kは値の知れた定数で、ボルツマン定数と呼ばれるものです。$(3/2)kT$は気体の原子一個が温度Tでもつ平均の運動エネルギーです。

37　数学的な説明の挿入

準位の差の変化または温度の変化に対するこのようなものすごい敏感さの理由を数学の言葉で描き出し、かつまた同様な種類の物理学上の注意をいくつかつけ加えることは――このような説明を要求する読者に対しては――このさい適切なことでしょう。その理由は次のとおりです。期待時間をtとしますと、tは比$\frac{W}{kT}$の指数関数で、

$$t = \tau e^{W/kT}$$

の関係にあります。τは10^{-13}ないし10^{-14}秒の程度の或る小さな定数です。ところで、この特定の指数関数は偶然現われた特殊なものではなく、熱の統計的理論の中に何度もたびたび現われ、いわばその背骨をなすものです。この指数関数は、Wだけの量のエネルギーが系の或る特定の部分にたまたま集まる確率――そんなことはめったに起こらないことであり、実は確率の逆数すなわち稀さの度合――を示すものであって、「平均（熱）エネ

ルギー」kT の何十倍もが要求されるときこの稀さの度合が、そのようにものすごく増大するわけです。

実際には、$W=30kT$ の場合(先にあげた例)はすでにきわめて稀です。にもかかわらず、これではまだ期待時間がものすごく長くならない(先の例ではわずか一〇分の一秒)のは、小さな因数 τ が掛かっているからに他なりません。この因数 τ は物理学的な意味をもつもので、その系の中で絶えず行われている振動の周期の大きさの度合を表わします。ごく大ざっぱにいえばこの因数の意味は、要求される量のエネルギー W が実際に集まる機会が——これははなはだ稀なのですが——「各振動ごとに」、すなわち毎秒 10^{13} ないし 10^{14} 回ほど繰り返し起こると説明することができましょう。

38　修正すべき第一の点

分子の安定性に関する理論として以上のことがらを説明した際に、暗々裡に頭に描いていたことがあります。それは、われわれが準位の「引き上げ」と呼んだ量子飛躍により、分子がすっかり壊れてしまうとまではゆかなくとも、少なくとも同じいくつかの原子が本質的に異なる配列状態をとるようになることです。そのような配列状態は化学者が異性体分子と呼んでいるもので、同じ諸原子から成りながら異なる配置をとっている分子です。(生物学に応用すると、これは同一の「因子座」における異なる「対立形質因子」を表わすことになり、量子飛躍は一つの突然変異を表わします。)

このような解釈ができるようにするためには、先にお話ししたことの中で二つの点を修正しなければなりません。先の話では、とにかくものごとをわかりやすくするためにわざと簡単にしておいたものです。私がお話しした道筋からすれば、問題とする原子群はその最低のエネルギーの状態にあるときにのみ分子と呼ばれるものを形づくっており、その次に高い状態ではすでに「何か別のもの」になると考えられるかもしれません。しかし実はそうではないのです。実際には最低の準位に続いて一連の密に混み合った多くの準位があり、それらは原子の全体としての配列状態には何らの大きな変化がなく、先に37節で述べたような原子間の小さな振動を表わすにすぎないものです。それらの準位もまた「量子化」されておりますが、一つの準位から次のものへの間隔が比較的小さいのです。したがって、「熱源」の粒子の衝突によりそれらの準位に引き上げるのは、すでにかなり低い温度でも事足ります。もし分子が空間的に拡がった構造をもっているなら、これらの振動を、分子を何ら損うことなしに伝わってゆく高振動数の音波と考えてもさしつかえありません。

そこで、第一の修正は大して重大なものではなく、準位構造の中の「振動に関する微細構造」を無視しなければならない、となります。「すぐ次に高い準位」という言葉は、配列状態の重要な変化に対応するような次の準位を意味すると解すべきです。

39　第二の修正点

第二の修正はもっとずっと説明しにくいものです。なぜかというと、それは前節で述べた意味で互いに異なる多くの準位の組立ての特徴の中で、或るきわめて大切なしかもなかなか厄介なものに関係しているからです。それらの準位の中の二つの間の自由な移り変りが、それに必要なエネルギーの供給をまったく別にしてもなお、妨げられている場合があるのです。事実、エネルギーのより高い状態からより低い状態への移行さえも阻止されていることがあるのです。

経験上の事実から出発しましょう。同じ一群の原子が分子をつくるのに、二つ以上の仕方で結合する場合のあることが化学者の間に知られています。そのような分子は異性体と呼ばれています。(英語で isomeric「同じ部分から成る」の意、語源は ἴσος＝same

〔同じ〕、μέρος=part〔部分〕。） 異性体をつくることは例外的なことではなく、ごく普通のことなのです。分子が大きければ大きいほど、互いに異性体をなすものが多く現われます。第14図に示したのは最も簡単な場合の一例で、二種類のプロピルアルコールであって、ともに三個の炭素原子(C)と八個の水素原子(H)と一個の酸素原子(O)とから成っています。* この最後の一個の酸素は、どの一つの水素と炭素との間にもおくことができますが、図に示した二つの場合だけが異なる物質です。そして二種類とも実際に存在します。両者の物理的および化学的な性質に関する定数ははっきり違っています。両者のエネルギーも異なり、二つは「異なる準位」を表わします。

* 講演のときにはC、H、Oをそれぞれ黒、白、赤の木製の球で代表させた模型を示しました。ここでその模型の絵を描かなかったわけは、そのような模型は第14図に示したものにくらべて実際の分子に似ているという点ではたいして優れていないからです。

注目すべきことは、両分子はともにまったく安

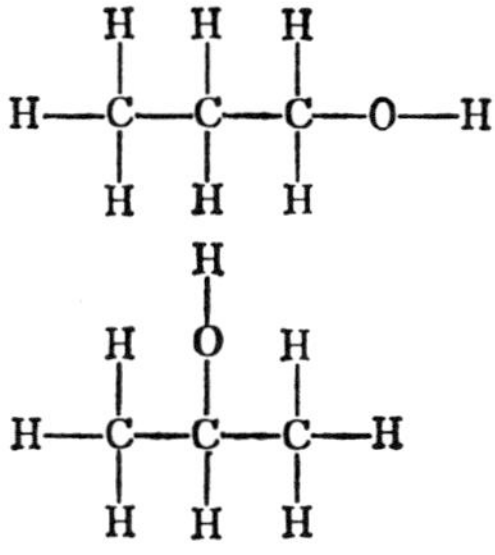

第14図 プロピルアルコールの二つの異性体

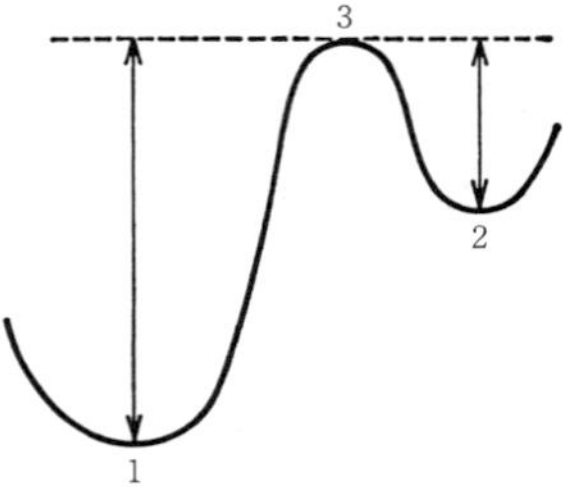

第 15 図　互いに異性体をなす準位 1 と 2 との間のエネルギーのしきい 3. 矢印は遷移のために必要なエネルギーの最小値を示す.

定であって、双方ともあたかも「最低の準位」にあるかのようにふるまうことです。いずれか一方の状態からもう一つの状態に自発的に遷移を起こすことはありません。

その理由は、この二つの配列状態は隣り合った配列状態ではないからです。一方から他方への遷移は、両者のいずれよりも高いエネルギーをもつ中間の配列状態を通らなくては起こりえないのです。粗っぽい言い方を致しますなら、酸素を一つの位置からひき抜いて、他の位置に差し入れなければなりません。そのようなことを、かなり高いエネルギーの配列状態を経ずに行う道がありそうにはみえません。このような事情は、図式的に第15図のようによく描かれます。図で1と2は二つの異性体を、3は両者の間の「閾(しきい)」を表わし、二つの矢は、「引き上げの高さ」、すなわち状態1から状態2へ、または状態2から状態1への遷移を起こさせるのに必要なエネルギーの供給量を示します。

　さてここで，「第二の修正」を述べることができます．それは，このような異性体間の遷移のみが，当面の生物学上の応用においてわれわれに関係のある遷移であるということです．35節から37節で「安定性」を説明したとき頭に描いていたのは実はこのようなことだったのです．われわれが考えている「量子飛躍」は一つの比較的安定な分子的配列状態からもう一つのものへの遷移です．その遷移に必要なエネルギーの供給量(Wと書いた量)は，両者間の実際の準位差ではなくて，最初の準位からしきいまでの幅(第15図に矢印で示したもの)であります．最初と最後の状態の間のしきいのない遷移はまったく興味のないものであり，しかも当面の生物学上の適用において重要性がないだけではありません．そのような遷移は実際，分子の化学的な安定性に寄与することもまったくありません．なぜでしょうか？　それらは永続的な効果をもたず目にふれることもありません．なぜなら，そのような遷移が起こると，もとの状態へ戻るのを妨げるものが何もないので，引き続いてほとんど直ぐにはじめの状態へ戻ってしまうからです．

第五章　デルブリュックの模型の検討と吟味

光がそれ自身と暗黒とを顕現するのとまったく同様に、
真理は、それ自身と虚偽との規範となる。

スピノザ『倫理学』第二部第四三項

40　遺伝物質の一般的な描像

以上のことがらから、われわれの次のような問いに対して非常に簡単な答が出てくるのです。さて、比較的少数個の原子から成るこれらの遺伝物質には、絶えず熱運動が加えられていますが、その構造はかき乱されずに長い期間にわたって耐えることができるでしょうか？　そこで、遺伝子は一つの巨大な分子のような構造をもち、原子の配列換えにより異性体的分子*に変わるような不連続的変化のみを行うことができるものだと仮定しましょう。この配列換えはその遺伝子のほんの一小部分にだけ起こるもので、莫大な数のいろいろな配列換えが可能だと考えられます。実際の配列状態と、起こりうる異性体的配列状態のどの一つをとっても、両者を境するエネルギーのしきいの高さは、(原子一個の平均熱エネルギーにくらべて)十分高くて、その間の移り変りがめったに起こらないようになっていなければなりません。そのような稀な出来事が自発的な突然変異そのものであると考えましょう。

＊ 便宜上、私は今後も続いてこれを異性体的遷移と呼ぶことにします。ただし周囲の物質と何らかの交換を行う場合もありうるのであって、それを除外することはとんだ誤りです。

この章の後半の部分は、遺伝子および突然変異のこのような一般的な描写(これは主としてドイツの物理学者M・デルブリュックに負うものです)を、遺伝学上の諸事実と詳しく比較して吟味することにあてます。その前に、この理論の基礎と一般的な性格について若干説明しておくことが適当と思います。

41 この描像は唯一のものである

この生物学上の問題に対し、その最も深い根を掘り出して、その描像を量子力学の土台の上に打ち立てることは、はたして絶対に必要なことでしょうか？ 私は敢えて申しますが、遺伝子が一個の分子だという推測は今日では常識になっているのです。生物学者なら、量子論に親しんでいる人でもいない人でも、この見解に反対する人はほとんどないでしょう。すでに32節で、この考えを、遺伝子に実際見られる永続性を合理的に説明する唯一のものとして、量子論以前の物理学者の口に合うように説明しました。それに続いて、異性体のこと、エネルギーのしきい、異性体的遷移の起こる確率を決定するのにW対kTの比が最も大切な役割を演ずることを考察しましたが、これらのことすべては純経験的な基礎に基づき、とにかくあらわには量子論を用いずに説明することができました。それなのに私が量子論的見地をこれほど強く主張し、しかも、私がそれをこの小さな書物の中で明らかにできないでおそらく多くの読者をうんざりさせたと思われるのに、それにこだわったのはなぜでしょうか？

量子力学は、自然界に実際に存在するあらゆる種類の原子集合体を第一原理から説明する最初の理論体系です。ハイトラー‐ロンドン結合はこの理論独特の優れた特徴であって、化学結合を説明するために特に発明されたものではありません。それはまったく独自にはなはだ興味深くて思いがけない筋から現われたもので、全然別な考察の必然の結果でありました。後から、それが実際に観察される化学上の事実にぴったり対応することがわかったのでありまして、すでに述べたように、量子論が将来さらに発展しても

「こんなことは二度とは起こるはずがない」と確言しても少しも不合理ではないような量子論独特の特徴なのであります。

したがって、遺伝物質を分子的に説明するには、これに代わるべきものはないと主張しても間違いないでしょう。物理的な事情から考えると、遺伝子の永続性を説明するのに、これ以外の可能な道は残されていません。もしもこのようなデルブリュックの考えた描像が誤りであるならば、これ以上話を進めることを断念しなければなりません。このことが、私の言いたい第一の点だったのです。

42 従来行われてきたいくつかの誤った考え

しかしここで次のような疑問が出てくるでしょう。原子から成っていて持久性をもつ構造は分子を除いては、本当に他にはないのでしょうか？　たとえば、数千年の間墓の中に埋められていた金貨が、それに刻印された肖像の姿をとどめていることはないでしょうか？　確かに貨幣は莫大な数の原子から成ってはいますが、この場合にはもちろんわれわれは形を保っているということの原因を大数の統計に帰そうとはしません。同様なことが、岩の中に埋まっている、きれいに成長した一塊の結晶にもあてはまります。

この場合には結晶は地質学的な年代にわたって変化していないに違いありません。

このことから、私が明らかにしようと思う第二の点が導き出されます。分子、固体、結晶というものは本当に異なったものではないのです。今日の知識に照らしてみるとき、それらは実質的には同じものです。不幸なことに、学校では伝統的な古い見方を依然として教えています。そのような見方はもうずっと以前から時代遅れになってしまったもので、ものごとの本当の姿を理解しにくくしています。

事実、われわれが学校で分子について学んだことからは、分子が液体または気体の状態よりももっとずっと固体の状態に似ているなどということは考えられません。それどころか逆に、物理的変化——たとえば融解とか蒸発のように分子には変化が起こらないもの(したがってたとえばアルコールは固体でも液体でも気体でも常に同じ分子C_2H_6Oから成っている)と、化学的変化——たとえばアルコールの燃焼

$$C_2H_6O + 3O_2 = 2CO_2 + 3H_2O$$

で、アルコールの分子一個と酸素分子三個とが配列換えを行って、炭酸ガス分子二個と水分子三個とをつくるようなもの、とをはっきり区別することを教えられてきました。

結晶について教えられてきたことは次のようなものです。結晶は三次元の周期性をもつ格子を形づくっていて、たとえばアルコールや大部分の有機化合物の場合のように、その格子の中で個々の分子の構造が見分けられることがある。一方ではまたその他の結晶、たとえば岩塩(NaCl)の場合のように、個々のNaCl分子の境界をはっきりと定めることができないこともある。なぜならどの一つのNa原子も六個のCl原子により対称的にとりまかれており、Cl原子に注目すればその逆が成り立ち、したがってたとえ分子を考えるとしても、どの一対を同じ分子をつくる同伴者とみなすかはほとんど随意だからである、と。

最後につけ加えますが、われわれは、固体には結晶質の場合とそうでない場合とがあり、後者の場合には無定形と呼ばれる、と教えられてきました。

43　物質の異なる「状態」

さて、私は以上のような言い方や区別の仕方がすべてまったくまちがっているとまで言おうとは思いません。実際上の目的には、それらが役に立つことがしばしばあります。しかし物質の構造の真の姿に関しては、境界線をまったく別のやり方で引かなければなりません。基礎的な区別は、次の二行の図式的な「等式」の間にあります。

分子＝固体＝結晶

気体＝液体＝無定形(固体)

このことを簡単に説明しなければなりません。いわゆる無定形固体は、本当は無定形でないか、または本当の固体ではないかのいずれかです。「無定形」の木炭線条について、グラファイト結晶の基本構造がX線により発見されました。したがって木炭は固体であり、しかし同時に結晶質であります。結晶構造が存在しない場合には、そのものは非常に高い「粘性」(内部摩擦)をもつ液体とみなさなければなりません。そのような物質は、はっきり定まった融解温度と融解の潜熱とをもたないことによって、真の固体でないことが見分けられます。このようなものは熱すれば徐々に軟らかくなって、ついには不連続性を現わさずに液化します。(私の頭にこんなことが浮かびます。第一次大戦の末期に、私たちはウィーンでコーヒーの代用物としてアスファルトのような物を配給されました。それはとても硬くて、鑿《のみ》か手斧を用いなければそのかけらを細かく砕けないほどのもので、砕くと、割れ目には滑らかな貝殻状の面が現われました。ところが時間がたてば液体のようなふるまいをして、容器の底の方にぴったり詰まってしまい、容器に二、三日入れっぱなしにしておくとひどい目にあうようなものでした。)

気体の状態と液体の状態とが連続したものであることはよく知られていることです。どんな気体でも不連続性なしに液化することができます。それにはいわゆる臨界点を「迂回」した道筋をとればよいのですが、ここではその問題には立ち入らないことにしましょう。

44 本当に問題になる区別

以上で、右に示した図式に含まれていることの妥当性を、主要な一点を除いてすべて説明しましたが、残っている点とは、分子を固体＝結晶とみなそうとすることです。

これは、一個の分子をつくっている原子は、数の多少に関せずすべて、真の固体すなわち結晶をつくり上げているたくさんの原子とまったく同じ性質の力によって結合していることによります。分子は結晶の場合と同じ堅牢な構造をもっています。まさしくこの堅牢さこそ、われわれが遺伝子の永続性を説明するためのよりどころとするものなのです！

物質の構造に関して真に重要な区別は、原子がこのような「凝集性をもつ」ハイトラー－ロンドンの力で互いに結びつけられているか、またはそうでないか、ということです。固体の場合および分子の場合にはすべてそうなのです。単原子からなる気体(たとえば水銀の蒸気)の場合にはそうではありません。分子から成る気体では、各分子の中にある原子のみがこのような仕方で結ばれているのです。

45　非周期性の固体

小さな分子一個を「一つの固体の幼芽」と呼んでもよいでしょう。そのような一つの小さな固体の幼芽から出発して、だんだん大きな結合体をつくり上げてゆくのに二つの異なる方法があります。一つは同じ構造を三つの方向に何度も何度も繰り返してゆく比較的退屈な方法です。結晶が成長してゆくときにはこのような道をたどります。ひとたび周期性が確立すれば、凝集体の大きさには一定の限界はありません。もう一つの方法は、退屈な繰り返しをしないでだんだん大きく拡がった凝集体をつくり上げてゆくやり方です。これはいよいよもって複雑な有機化合物の分子の場合であり、そのような分子においては、あらゆる原子およびあらゆる原子団がそれぞれ個性のある役割を演じ、(周期性をもつ構造の場合とは異なって)たくさんの他の同種のものとまったく同等の働きをするということはありません。このようなものを非周期性の結晶または固体と名づけ、われわれの仮説を次のように言い表わすのはまったく適切だといえましょう。一つの遺伝子——あるいはおそらく一つの染色体繊維全体*——は一個の非周期性固体であると考えられる、と。

* これがはなはだ柔軟な曲りやすいものであることは固体ということに何らさしつかえありません。細い銅線もそうなのです。ここで染色体繊維というのは、生物学上でらせん糸《クロモネーマ》と呼ばれるものです。

46　縮図の中におしこめられた種々様々な内容

受精卵の核というこのちっぽけな物質のかけらが、その生物体の将来の生長のすべてを内蔵するこみいった暗号文を如何にして含んでいるか、ということはしばしば問題にされてきたことです。

高度の秩序をもつ原子結合体で、その秩序を永続的に維持するに足る十分な抵抗性を具えたもののみが、考えられる唯一の物質構造のようであって、そのようなものならば、小さな空間的境界の内部で複雑な体系をなす「決定要素」を体現しうるような、さまざまな(異性体的)原子配列を可能にします。事実、そのような構造に含まれる原子の個数は必ずしもはなはだ多数でなくても、ほとんど無数の可能な配列状態をつくり出すことができます。たとえばモールス符号のことを考えてごらんなさい。点と線という二種の異なる符号を秩序だてて並べれば、四個を超えない集りだけで三〇の異なる信号を表わすことができます。さてそこで、もし点と線との他に第三の符号を使うことが許され、一〇個を超えない符号の集りを用いたなら、八八五七二通りの異なる「字」をつくることができます。符号の種類を五種とし、一集団に含まれる個数を二五までとすれば、その数は372,529,029,846,191,405となります。

ここで、モールス符号は異なる組成(たとえば・――と・・―)を許しており、したがって異性体の場合と類比するのは不適当だから、この喩えには欠陥があるという反対がでてくるかもしれません。この欠陥を救うために、第三の例でちょうど二五個から成る組合せだけを選び、さらに考える五種の符号を各々ちょうど五個ずつ(点が五つ、線が五つ、等々)含むようなもののみを取り出してみます。大ざっぱな計算をすれば、組合せの数は62,330,000,000,000となります。ただし数字の右側の零はわざわざ詳しく計算しなかった(下位の)数字の代りにつけたものです。

もちろん実際の場合には、原子の集団の「あらゆる」配列が、どれも可能な分子を表わすわけではありません。そればかりでなく、暗号文は、それ自身が、個体の生長をもたらす働きをになう要素でもありますから、符号を勝手に選んで用いることができるというようなものではありません。しかし一方では、この例で選んだ数(二五)はまだまだはなはだ小さく、しかも一直線上に並べる単純な配列だけを考えたわけです。ここで示したいと思うのは、次のようなことにすぎません。すなわち、遺伝子を分子としてみた描像を用いれば、(染色体という)縮図が、はなはだしくこみいった詳しく指定された生長の設計図に精密に対応し、しかもその設計図の計画を実施する手段を何らかの仕方で含んでいるということは、もはやまったく考えられないことではないのです。

47 事実との比較、安定度および突然変異の不連続性

さてようやく、理論的な描像を生物学上の事実と比較することにしましょう。第一の問題は明らかに、この描像は実際に見られる高度の永続性を本当に説明することができるかどうか、という問いです。要求されるエネルギーのしきい値の大きさ——平均熱エネルギーkTの数十倍——は妥当な値でしょうか? その値は普通の化学で知られてい

る範囲内のものでしょうか？　これはごく平凡な問いです。この疑問に対しては数値表を調べなくても「然り」と答えられます。どんな物質でも、化学者が或る与えられた温度で分離することのできるものなら、その分子はその温度では少なくとも数分間の寿命をもっているに違いありません。（これはひかえ目な言い方をしたのであって、普通寿命はもっとずっと長いものです。）したがって、化学者が取り扱うしきい値は、生物学者が実際に取り扱うあらゆる程度の永続性を説明するのに必要な大きさとまったく同じ程度のものでなければなりません。なぜなら36節から考えれば、約一対二の範囲内で変わるしきい値により、一秒の数分の一から数万年にわたる範囲の寿命が説明されるからです。

しかしここで、後に引用するために数字をあげておきます。36節で例をあげるために述べたW対kTの比、すなわち

$$W/kT = 30, 50, 60$$

から生ずる寿命はそれぞれ

1/10秒，16カ月，30000年

であり、これに対応して、Tが室温のとき、しきい値Wの値はそれぞれ

0.9, 1.5, 1.8 エレクトロン・ボルト

であります。「エレクトロン・ボルト」という単位を説明しなければなりませんが、これは直観的に示すことができるので、物理学者にとってはなかなか便利なものです。たとえば三番目の数(1.8)は、一つの電子(エレクトロン)を約二ボルトの電圧で加速すると、衝突によって遷移を起こさせるのにちょうど足りるだけのエネルギーを獲得するということを意味します。(比較のために一言しますが、普通の懐中電灯の電池は約三ボルトです。)

このように考えてくると、われわれが考えている分子の或る部分にたまたま振動エネルギーの偶然な揺らぎによって配列状態の異性体的変化が起こることは十分稀な出来事であって、これが自発的に起こる突然変異であるとの解釈が成り立つように思われます。このようにして量子力学の原理そのものによって、突然変異に関する最も驚くべき事実、すなわち突然変異は「飛躍的」な変異であって、中間形が生ずることはないということが説明されているのです。突然変異がはじめてド・フリースにより注目されたのはこの特性のためでありました。

48 自然淘汰により安定な遺伝子が選ばれる

自然に起こる突然変異の率が、イオン化作用をもつ任意の放射線によって増加することが発見されたので、自然の突然変異率は地面および大気中の放射能と宇宙線とによるものだと考えられるかもしれません。しかしX線による結果を定量的に比較すると、「自然の放射線」はとても微弱すぎて、自然の率のほんの一小部分を説明できるにすぎないことがわかります。

たとえめったに起こらない自然の突然変異を熱運動の偶然の揺らぎによって説明しなければならないとしても、自然界が(エネルギーの)しきいの高さを巧みに選んで、突然変異が稀にしか起こらないようにするのに成功したことをあまり驚いてはなりません。なぜなら、すでにこの講演のはじめの方で、頻繁に起こる突然変異は進化にとって有害だという結論が出ています。突然変異によって得られた遺伝子の配列状態が不十分な安定性しかもたないような個体の子孫は「超急進的」で急速に突然変異を重ね、永く存続する確率が少ないのです。種は自然淘汰によってそのようなものを除去してしまい、その結果、安定な遺伝子が集まることになるでしょう。

49　突然変異種にはしばしば安定性の低いものがある

しかし、もちろん育種実験で現われる突然変異種であって、その子孫を研究するために「突然変異種」として淘汰する（選び出す）ものに関しては、それらがすべてはなはだ高い安定性を示すだろうと考える理由はまったくありません。なぜなら、それらはいまだ「ふるいにかけられ」てはいないのであって、もしそうされていたなら、おそらくあまりにひどく変異しやすいために、野生種の中で「除去」されてしまっているでしょう。とにかくわれわれは、このような突然変異種の中に、正常の「野生種」の遺伝子よりははるかに変異しやすいものが実際にあることを知っても少しも驚くことはありません。

50　温度の影響は安定なものより不安定なものに対する方が少ない

このことは突然変異の頻度に関する先にあげた式を吟味するのに役立ちます。それは次のようなものでした。

$$t = \tau e^{W/kT}$$

（tはエネルギーのしきいの高さがWのとき突然変異の起ることが期待される時間だ

ったことを思い出して下さい。）問題は次のとおりです。t は温度の変化に伴ってどのように変化するか？　右の式から、温度が $T+10$ のときの t の値と T のときの t の値との比がすぐにかなり正しくわかります。

$$t_{T+10}/t_T = e^{-10W/kT^2}$$

右肩の指数は負ですから、この比はもちろん1より小です。突然変異の期待時間は温度を上げると減少し、変異の頻度は増加します。今日ではそれを検査することができ、ショウジョウバエについて、このハエが耐えられる温度範囲全体にわたって検べられました。その結果は、はじめてみたときには驚くべきものでした。野生種の遺伝子の突然変異の頻度は低いが、その(温度に対する)増加は著しいものでしたが、すでに突然変異した遺伝子の中に変異を起こす頻度の比較的高いものがあり、その頻度は増加しないかまたは増加してもとにかく増す割合がずっとわずかでした。これはまさしく、右に述べた二つの公式と比較したとき期待される結果です。$\frac{W}{kT}$ の値の大きなことは、第一の公式によれば t を大きくする(遺伝子を安定にする)のに必要なことですが、第二の公式によればそこで求められる比の値を小さくします。これは、突然変異を起こす頻度が温度の上昇とともに増す増し方が一層目立ってくることを意味します。（この比の実際の値はおよそ二分の一と五分の一との間にあります。その逆数の二および五という数は、普通の化学反応でファント・ホッフ係数と呼ばれているものです。）（温度を摂氏一〇度上げると反応速度が二倍ないし五倍になるということ——訳者註。）

51　X線はどんな仕方で突然変異を起こすか？

今度はX線によってひき起こされる突然変異の率に目を向けましょう。すでに育種実験からの結論として、第一に（突然変異率が照射量に比例することから）、何かある単一の事象が突然変異をひき起こすこと、第二に（定量的な結果と、突然変異率は全イオン化密度により決定され、X線の波長には無関係であるという事実とから）、この単一の事象とは、イオン化またはそれと類似の過程であるに違いなく、しかもそれは或る特定の変異を起こすためには約一〇原子距離立方にすぎない或る容積の内部に起こるものでなければならないことをお話ししました。私が述べた描像によれば、（エネルギーの）しきいを乗り越えるためのエネルギーはたしかにイオン化または励起という爆発的な過程によって供給されなければなりません。「爆発的」という言葉を使うわけは、一つのイオン化に費やされるエネルギー（X線自身が直接費やすエネルギーではなく、X線により生じた二次電子*が費やすエネルギー）は、はっきり知られており、三〇エレクトロン・ボルト程度のかなり莫大な量だからです。このエネルギーは熱に変わりますが、その際エネルギーが放出される点の付近の熱運動がものすごく増大し、そこから「熱の波」すなわち原子のはげしい振動の波となって拡がります。この熱の波でもなお一ないし二エレクトロン・ボルトの所要のしきいの高さだけのエネルギーを供給することができ、その平均「作用範囲」は約一〇原子距離あるということは、考えられないことではありません。もっとも、公平な見方をする物理学者なら、この作用範囲をもう少し小さく見積ったかとも思われます。多くの場合この爆発によりおそらく、整然とした異性体的な遷移が起こらないで染色体に傷害が与えられ、その傷害は、微妙な交配によって、その染色体と対をなす無傷の染色体（二組の染色体のうち第二の組の相同染色体）がとり除かれて、その代りに入ってきた染色体の対応する遺伝子がやはり健全でないものである場合には、致命的な傷害となる――こういうことをすべて予期せざるをえないのですが、事実まったくそのとおりのことが見出されます。

* X線を物質に照射すると、その一部は物質を透過し、一部は吸収され、残りはあらゆる方向に散乱される。振動数 ν の単色X線はエネルギー $h\nu$ の光子から成っており、これが原子や分子

に吸収されると、原子内の電子がこのエネルギーをもらって飛び出す。これを光電子と呼び、これが普通の二次電子である。たとえば五〇キロボルトのX線の波長は約0.25Åで、このX線の光子が吸収されて出る二次電子は光速の三分の一程度の速度をもつ。このように高速の電子が物質中を通過すると、近くの分子や原子と何回も衝突して多くのイオンをつくり、電子はしだいにエネルギーを失っておそくなり、ついにイオン化の能力を失う。X線の波長が十分短い(硬い)場合には、この他に、エネルギー$h\nu$の光子が直接電子と衝突してコンプトン散乱を生じ、そのさい電子はいわゆる反跳電子《リコイル・エレクトロン》として飛び出す。この反跳電子も分子や原子と衝突してはじめの間はそれをイオン化するだけのエネルギーをもっている。先の光電子とこの反跳電子がX線による二次電子である。二〇〇キロボルトまたはそれ以上で励起されたX線では、反跳電子によるイオン化の方が光電子によるものより大きい(訳者註)。

52　X線の効率は、自発的な突然変異の頻度の大小にはよらない

その他の二、三の特徴はこの描像から予言することはできないにしても、それにより容易に理解されます。たとえば、不安定な突然変異種がX線により突然変異を生ずる率は概して、安定なものの場合よりあまり高くはありません。ところで、一つの爆発が三〇エレクトロン・ボルトのエネルギーを供給することを考えれば、必要なしきいのエ

ネルギーが少しばかり大きいかあるいは少しばかり小さいかどうかによって、たとえば一ボルトか一・三ボルトかによって大きな差がでてくると予想されないことは明らかでしょう。

53　突然変異は元に戻せる

一つの遷移が両方の向きに、たとえば或る「野生」の遺伝子から或る特定の突然変異遺伝子へ移るものと、その同じ突然変異種から野生遺伝子へ戻るものとが研究された場合があります。そのような場合、自然に起こる突然変異の頻度がほとんど同じものもあり、またはなはだしく異なっているものもあります。ちょっとみると、乗り越えるべきしきいの高さが両方の場合とも同じであるようにみえるので、これは不思議だなと思われます。しかし、もちろん驚く必要はありません。なぜなら、乗り越えるべきしきいの高さは、出発する方の側の配列状態のエネルギー準位から測らなければならないのであって、そのエネルギー準位は野生の遺伝子と突然変異したものとでは異なることがありうるからです。(一〇八ページの第15図を見て下さい。図中の1は野生の対立因子に対するもの、2は突然変異種の対立因子に対するもので、後者の安定性がより低いことは矢の長さが短いことで示されています。)

全体としてみて、私はデルブリュックの「模型」はいろいろな吟味にかなりよく耐えるもので、これを用いてさらに考察を進めることが妥当であると思うのであります。

第六章　秩序、無秩序、エントロピー

身体は心が考えるのを決定することはできないが、心も身体が運動したり、静止したり、その他の何か(たとえ何かそういうことがあるとしても)をするのを決定することはできない。

スピノザ『倫理学』第三部第二項

54　この模型からでてくる注目すべき一般的な結論

46節の最後の一節を参照してみましょう。そこで私が説明を試みたことは、遺伝子を分子として描いた模型によって少なくとも「その暗号の縮図は、はなはだ複雑でしかも明細に指定された生長の設計図と一対一の対応をしており、さらにこの設計を施行する手段を何らかの仕方で含んでいるはずだ」ということが想像しうるようになったということでした。なるほどそれはそのとおりですが、どのようにしてそんなことが行われるのでしょうか？「想像しうる」ということを「本当に理解する」ということに換えるにはどうしたらよいのでしょうか?

デルブリュックの分子模型は、まったく一般的な形のままでは、遺伝物質がどのような働きをするかについて何らの手掛りも与えてくれないようにみえます。事実私は、この問いに対して何らかの詳細に立ち入ったことが、近い将来に物理学から出るだろうとは期待していません。この方向への進歩は生理学と遺伝学を道案内にして生化学から進められており、きっと今後も引き続き進められてゆくことでしょう。

右に述べたような一般的な遺伝子の構造からは、遺伝の仕掛けの働きについて詳しいことは何もひき出せません。そんなことは明白です。しかし、実に奇妙なことに、この模型から一般的な結論が一つだけ得られるのです。そして、実をいえば私がこの書物を書く気を起こした唯一の動機は、この問題でありました。

遺伝物質に関するデルブリュックの一般的な描像から出てくる事柄とは、生きているものは、今日までに確立された「物理学の諸法則」を免れることはできないが、いままでに知られていない「物理学の別の法則」を含んでいるらしい、ということです。しかしその「別の法則」も、ひとたび明らかにされてしまえば、先のものと並んでこの科学の重要な一要素をなすものでありましょう。

55　秩序性を土台とした秩序性

これはなかなか微妙な考え方で、いくつかの点で誤りに陥るおそれがあります。残りのページはすべて、この問題を明らかにすることに関係したものです。まず問題の入り口として、次のように考えれば、粗雑ではあるがまったく誤っているわけではないおおよその見透しがひらけましょう。

すでに第一章で、今日知られている物理学の諸法則は統計的な法則*だということを説明しました。それらの法則は、ものごとは放っておけば自然に無秩序な状態へ変わってゆく傾向がある、ということと深い関係があります。

＊　こういうことを、「物理学の諸法則」についてまったく一般的に述べることに対しては、おそらく多くの反対論がありましょう。この点は第七章で検討します。

しかし、遺伝物質が高度の持久性をもっていることと、その大きさがはなはだ小さいこととを調和させるために、事実上「分子を発明する」ことによって、無秩序へ向かう傾向を避けなければなりませんでした。その分子は異常に大きな分子で、高度に分化した秩序をもち、量子論の魔法の杖によりしっかり護られている一つの芸術作品ともいうべきものでなければなりません。この「発明」には、確率の法則が通用しないわけではありませんが、それからひき出される結果が修正されるのです。古典的な物理学の諸法則が量子論により修正され、ことに温度の低いところで著しく修正を要することは、物理学者にはよく知られていることです。このような例はたくさんあります。生命はその一例で、特にきわだったものと思われます。生命は秩序のある規則正しい物質の行動であって、それは秩序から無秩序へと移り変わってゆく傾向だけを基としているものでなく、現存する秩序が保持されていることも一役買っていると考えられます。

物理学者に対しては――ただし物理学者に対してだけですが――次のように述べれば私の見解をもっとはっきりさせることができるだろうと思います。すなわち、生きている生物体は一つの巨視的な体系であって、その系の行動の一部に関しては、ほぼ純機械的な行動(熱力学的行動に対照した意味での)をする体系のように考えられます。ただし、どんな系でも温度が絶対零度に接近し分子的な無秩序がなくなるにつれて純機械的行動に近づいてゆくものです。

物理学者以外の人には、通常の物理学の諸法則は侵されることのない精密性の模範だと考えられているので、それらが、物質が無秩序な状態へと変わってゆこうとする統計的な傾向に基づいているなどということを本当だとは信じ難いでしょう。私はいくつかの例を第一章であげておきました。このことがらに含まれている普遍的な原理は有名な**熱力学の第二法則**(エントロピーの原理)ならびに同じく有名なその統計的な基礎であります。56―60節で、このエントロピーの原理が生きている生物体の目でみえる程度の大きさの行動に対してどのような意義をもつかを概観してみましょう。――ひとまず染色体、遺伝等々に関して知られていることを一切忘れてしまったことにして。

56　生命をもっているものは崩壊して平衡状態になることを免れている

生命というものだけにある特徴は何でしょうか？　一塊の物質はどういうときに生きているといわれるのでしょうか？　生きているときには、動くとか周囲の環境と物質を交換するとか等々「何かすること」を続けており、しかもそれは生命をもっていない一塊の物質が同じような条件の下で「運動を続ける」だろうと期待される期間よりもはるかに長い期間にわたって続けられるのです。生きていない一つの物質系が外界から隔離されるかまたは一様な環境の中におかれるときには、普通はすべての運動がいろいろな種類の摩擦のためにはなはだ急速に止んで静止状態になり、電位差や化学ポテンシャルの差は均されて一様になり、化合物をつくる傾向のあるものは化合物になり、温度は熱伝導により一様になります。そのあげくには系全体が衰えきって、自力では動けない死んだ物質の塊になります。目に見える現象は何一つ起こらない或る永久に続く状態に到達するわけです。物理学者はこれを熱力学的平衡状態あるいは「エントロピー最大」の状態と呼んでいます。

実際的には、普通ははなはだ急速にこのような状態に達します。理論的には、それはまだ絶対的な平衡状態、すなわち真にエントロピー最大の状態ではない場合が非常に多いのです。しかしその場合には平衡状態へ近づいてゆく最後の歩みははなはだおそく、何時間とか何年とか何世紀とかいう時間がかかるものです。一例をあげると、この最後の接近がなおかなり速やかなものに次のようなものがあります。純粋な水を一杯に満たしたコップと砂糖水を一杯に満たしたもう一つのコップを密閉した容器の中に一緒に入れて一定の温度に保っておくと、はじめは何も起こらないようにみえますので完全な平衡状態だという感じがします。だが一日かそこらたってから見ると、純粋な水はその蒸気圧が砂糖水より高いために徐々に蒸発して砂糖水の表面に凝結することに気づきます。純粋な水が全部すっかり蒸発してしまった後には砂糖水の方はコップから溢れ出ます。

じめて、そこにある液状の水全部にわたって砂糖が一様に分布するという状態に行きついたことになります。

このような最後に平衡状態に向かってゆっくりと近づいてゆくことを生命ととり違えるおそれはありませんから、ここではそういうことは無視してさしつかえありません。私がこのことに言及したのは、私の議論が緻密さを欠くという嫌疑を晴らすためでした。

57　生物体は「負エントロピー」を食べて生きている

生物体というものがはなはだ不思議にみえるのは、急速に崩壊してもはや自分の力では動けない「平衡」の状態になることを免れているからです。これははなはだ不思議な謎なので、人間がものを考えるようになったばかりの遠い昔から、或る特殊な非物理的な力――というよりむしろ超自然的な力(たとえば生命力、エンテレキー)が生物体の中で働いていると主張されてきましたし、或る一派の人々の間ではいまだにそれが主張されています。

生きている生物体はどのようにして崩壊するのを免れているのでしょうか？　わかりきった答をするなら、ものを食べたり、飲んだり、呼吸をしたり、(植物の場合には)同化作用をすることによって、と答えられます。学術上の言葉は物質代謝(メタボリズム)といいます。この言葉の語源のギリシャ語(μεταβάλλειν)は変化とか交換を意味します。何を交換するのでしょうか? もともとこの言葉の裏にある観念は、疑いもなく、物質の交換ということです。(英語では metabolism といいますが、ドイツ語では Stoffwechsel(物質交換)という言葉を用います。) 物質の交換が本質的なことであるとはおかしなことです。窒素、酸素、イオウ等々のどの原子もそれと同種の別の原子とまったく同じものです。それらを交換することによってどんな利益が得られるのでしょうか? 過ぎ去った一頃しばらくの間、われわれはエネルギーを食べて生きているのだと教えられて、われわれの穿鑿好きが沈黙させられたことがあります。或る非常に進んだ国で(ドイツだったかアメリカだったかあるいはその両方だったかどうかは憶えていませんが)、レストランのメニュー・カード(献立表)に値段の他に一つ一つの皿のカロリー(エネルギー含有量)が書いてあったことがありました。わざわざいうまでもないことですが、文字通りとれば、これもまったく同様におかしなことです。なぜなら成熟した生物体にあっては、エネルギー含有量は物質含有量と同じく一定です。どんなカロリーだって、別のどんなカロリーとも同じ値打があることは確かですから、単なる交換がどんなに役に立つのかは理解できないでしょう。

それでは、われわれの食物の中に含まれていて、われわれの生命を維持する貴重な或るものとは一体何でしょうか？　それに答えるのは容易です。あらゆる過程、事象、出来事――何といってもかまいませんが、ひっくるめていえば自然界で進行しているありとあらゆることは、世界の中のそれが進行している部分のエントロピーが増大していることを意味しています。したがって生きている生物体は絶えずそのエントロピーを増大しています。――あるいは正の量のエントロピーをつくり出しているともいえます――そしてそのようにして、死の状態を意味するエントロピー最大という危険な状態に近づいてゆく傾向があります。生物がそのような状態にならないようにする、すなわち生きているための唯一の方法は、周囲の環境から負エントロピーを絶えずとり入れることです。――後ですぐわかるように、この負エントロピーというものは頗る実際的なものです。生物体が生きるために食べるのは負エントロピーなのです。このことをもう少し逆説らしくなくいうならば、物質代謝の本質は、生物体が生きているときにはどうしてもつくり出さざるをえないエントロピーを全部うまい具合に外へ棄てるということにあります。

58　エントロピーとは何か

ではエントロピーとは一体何でしょうか？　最初に強調したいのは、エントロピーとは朦朧たる概念もしくは観念といったものではなく、一本の棒の長さや、一つの物体の任意の点の温度や、与えられた一つの結晶の融解熱や、与えられた任意の物質の比熱などとまったく同様の、一つの測定することのできる物理学的な量だということです。絶対温度零度の点(ざっと摂氏零下二七三度)では、どんな物質のエントロピーも零です。その物質をゆっくりと一歩一歩可逆的な小刻みな変化を行わせながら任意の別の状態にもってくるとき(その際たとえその物質が物理的性質または化学的性質を変えても、あるいはまた物理的および化学的性質の異なる二つまたはもっと多数の部分に分割されてもやはり)、エントロピーは或る一定量だけ増します。その増加量を計算するには、このような変化を進めてゆくとき供給しなければならない熱の各小部分の量を、それが供給されるときの絶対温度の値で割って、それらの小さな量の全部を加え合わせればよいのです。一例をあげますと、一つの固体を溶かすときには、そのエントロピーは融解熱を融解点の温度(絶対温度)で割った量だけ増加します。このことからわかるように、エントロピーを測るのに用いる単位はcal/℃です（いわば熱量の単位がカロリーであり、長さの単位がセンチメートルであるのと同じように）。

59　エントロピーの統計的な意味

私がこのような専門的な定義をお話しした目的は、エントロピーというものには朦朧とした神秘の雲がおおいかぶさっていることがしばしばあるので、そういう雲の中からエントロピーを取り出すためにすぎなかったのです。ここでわれわれにとってもっとずっと大切なことは、秩序・無秩序の統計的概念との関連です。この概念とエントロピーとの結びつきは、統計物理学におけるボルツマンとギブズの諸研究により明らかにされました。この二つの概念を結ぶ関係もまた正確な量的なものであって、次の式により表わされます。

$$\text{エントロピー} = k \log D$$

この式でkはいわゆるボルツマン定数（$=3.2983\times10^{-24}$ cal/℃）であり、Dは問題にしている物体の原子的な無秩序さの程度を示す目安となる量です。このDという量を簡単に専門的な術語を使わずに正確に説明することはほとんど不可能です。このDの示す無秩序は、一部分は熱運動の無秩序であり、一部分は、異なる種類の原子または分子がきちんと別々に分離していないで、たとえば先にあげた例における砂糖の分子と水の分子のようにでたらめに混ぜ合わされていることに由来する無秩序です。右のボルツマンの関係式はこの例でうまく説明できます。砂糖がそこにある水全体に徐々に拡がってゆくと無秩序を表わすDが増し、したがって(Dが増すとともにDの対数$\log D$は大きくなりますから)エントロピーが増します。熱を供給すると熱運動の混乱が増し、したがってDが増し結局エントロピーが増すこともかなり明らかでしょう。結晶を溶かすときこのようなことは特にわかりやすいでしょう。なぜならその場合には、原子または分子のきちんとした永続的な配列が破壊されて、結晶格子から絶えず変化するでたらめな分布へと変わるからです。

一つの系が外界から隔離されている場合および一様な環境の中にある場合には(ここでは、環境というものをわれわれが考える系の一部分として、系の中に含ませて考えると一番都合がよいのですが)、その系のエントロピーは増してゆき、遅い速いの違いはあるにしてもエントロピー最大の活動のない状態へと近づいてゆきます。このようにして、エントロピー増大という物理学の基礎的法則は、ものごとは、人がそれを防がない限り自然に混乱状態へと近づいてゆく傾向をもっていることに他ならないということが理解されたでしょう。(同じ傾向は図書館の書物や机上に積み重ねた紙や原稿にも見られます。この場合、不規則な熱運動に相当するものは、われわれがこれらの物を何度も何度も使って、その際それぞれもとの位置に戻すという労をとらないことです。)

60　生物体は環境から「秩序」をひき出すことにより維持されている

生物体が崩壊して熱力学的平衡状態(死)へ向かうのを遅らせているこの驚くべき生物体の能力を統計的理論を使ってどのように言い表わしたらよいのでしょうか？　前には次のようにいいました。「生物体は負エントロピーを食べて生きている」、すなわち、いわば負エントロピーの流れを吸い込んで、自分の身体が生きていることによってつくり出すエントロピーの増加を相殺し、生物体自身を定常的なかなり低いエントロピーの水準に保っている、と。

Dが無秩序の目安となる量だとすれば、その逆数$1/D$は秩序の大小を直接表わす量だと考えられます。$1/D$の対数はちょうどDの対数に負の符号をつけたものですから、ボルツマンの関係式は次のように書くことができます。

$$-(\text{エントロピー}) = k\log(1/D)$$

そこで「負エントロピー」というぎこちない言い方をもっといい表現に置き換えて「エントロピーは負の符号をつければ、それ自身秩序の大小の目安となる」と言い表わせます。このようにして、生物が自分の身体を常に一定のかなり高い水準の秩序状態(かなり低いエントロピーの水準)に維持している仕掛けの本質は、実はその環境から秩序というものを絶えず吸い取ることにあります。この結論はちょっと見たときに思われるほど奇妙なものではありません。むしろわかりきったつまらないことだといわれるべきでしょう。事実、高等動物の場合には、それらの動物が食料としている秩序の高いものをわれわれはよく知っているわけです。すなわち、多かれ少なかれ複雑な有機化合物の形をしているきわめて秩序の整った状態の物質が高等動物の食料として役立っているのです。それは動物に利用されると、もっとずっと秩序の下落した形に変わります。――もっとも、まったく下落しきった形になるのでないことは、植物がまだそれを利用しうることでわかります。(もちろん植物は「負エントロピー」を与える最大の供給源を太陽の光に求めます。)

第六章への註

負エントロピーに関する私の議論は物理学者の仲間から疑義や反駁を受けました。私がまず第一に言いたいことは、もし私が物理学者だけの気に入るように話を進めていたとしたら、エントロピーの代りに自由エネルギーについて論ずべきであったということです。議論の脈絡からいって、この場合後者の方がより知れわたった概念です。しかしこのはなはだ学術的な言葉は文字の上からいってあまりにエネルギーという言葉に近すぎ、本書を読まれる広汎な一般の読者はこの両者の間の著しい相違を見分けるのは困難です。「自由」という言葉はたいして重要な意味をもたない飾りの形容詞と受取られがちです。ところが実はこの自由エネルギーという概念はなかなかこみいったものであって、ボルツマンの秩序＝無秩序の原理との関係を追求することは、エントロピーや「エントロピーに負の符号をつけたもの」の場合ほど容易ではありません。ついでに一言すれば、後者(負エントロピー)は私の発見ではなくて、ボルツマンがはじめて論じたところとたまたまそっくり同じものです。

しかし、F・サイモン氏が私に対して指摘された点ははなはだ適切なものです。それは、私の単純な熱力学的な考察では、われわれを養う食料が木炭やダイヤモンドの塊ではなくて、「多かれ少なかれ複雑な有機化合物というきわめて秩序の整った状態」にある物質でなければならないことを説明できない、という点です。それはまったくそのとおりです。だが専門家でない読者に対し私は、一かけらの燃やしていない石炭やダイヤモンドもそれを燃焼するために必要なだけの量の酸素を一緒にした場合には、物理学者の理解する限りこれまたきわめて秩序の整った状態にあるということを説明しなければなりません。これに対する証明は次のとおりです。もし石炭が燃焼するという反応を起こさせれば、多量の熱が生じます。この反応によりもたらされたかなり多量のエントロピーの増加は、系がこの熱を周囲に放つことによって処分されて、系は事実上反応前とおおよそ同量のエントロピーをもつ状態に達します。

それにもかかわらずわれわれは反応の結果生ずる炭酸ガスを食べて生きていることはできません。それゆえサイモン氏が私に、実際にはわれわれの食物に含まれているエネルギーの量も大切であると指摘したことはまったく当を得たことです。したがって私がメニュー・カードに熱量を記してあるのを嘲笑したのは不適切でした。エネルギーは、われわれの身体を動かす機械的エネルギーを補給するためばかりでなく、われわれが絶えず周囲に放つ熱を補うためにも必要です。しかもわれわれが熱を放出することは偶然的なものではなく、なくてはならぬ本質的なことなのです。なぜなら、まさにそうすることによって、われわれが物理的な生命の営みを行う限り絶えずつくり出す余分なエントロピーを処分するからです。

このことから示唆されるように思われるのは、温血動物の体温が割合に高いことは、エントロピーを割合に速く棄て去ることができるという利点をもっていて、そのため温血動物は比較的活発な生命の営みをすることができるということです。こういう議論がどれほどの正しさを含んでいるかはよく知りません(このことについてはサイモン氏にではなく私に責任があります)。これに対する反対論として、一方では多くの温血動物は毛皮や羽毛のきものによって熱を急速に失わないように保護されているといえるかもしれません。それ故、体温と「生命活動の活発さ」とが平行しているということは——私はそういうことがあると信じているのですが——おそらく、50節の終りで述べたファント・ホッフの法則によってもっと直接に説明しなければならないでしょう。すなわち、体温が高いということ自身によって、生命活動の中で行われる化学反応の速度が速くなります。(実際にそうなるということは、体温が環境と同じ温度をとる生物の種について実験的に確認されています。)

第七章　生命は物理学の法則に支配されているか？

もし決して自己矛盾に陥らない人があるならば、それは
事実上まったく何も言わなかった人だからに違いない。
ミゲル・デ・ウナムーノの言葉から

61　生物体ではどんな新法則が期待されるか？

この最後の章で私が明らかにしようと思うことは、一口でいえば、生きているものの構造について本書で学んだこと全体から、生きているものは物理学の普通の法則に帰着させることのできない或るやり方で働きを営んでいるという結論を出す準備が整ったに違いない、ということです。しかもそれは生きている生物体内の一つ一つの原子の行動を指図する何か「新しい力」とか、あるいは力以外の何ものかが存在するということを根拠としているのではなく、生きているものの構造が、物理の実験室でいままで研究されてきたどんなものとも異なっているという理由に基づきます。大ざっぱに説明すると、

たとえば熱機関しかよく知らない技師が電気モーターの構造をみて一通り検べ終われば、おそらくその技師はそれが自分のまだ知らない原理に従って働いているという結論を出す準備が整っただろうというようなものです。彼はボイラーなどでよく知っている銅がここではコイルに巻かれている長い長い銅線として使われており、また梃や棒や蒸気筒などでよく知っている鉄がここでは銅線のコイルの内側をみたしていることに気がつきましょう。彼はきっと、これは同じ銅と同じ鉄であり、自然界の同じ法則に従うに違いないと考えるでしょう。この点では彼の考えは正しいのです。その技師は、これほど構造が違っているのだから働き方が全然異なっているだろうと考えるでしょう。だが電気モーターはボイラーや蒸気もなしにスイッチ一つひねればまわりだすのだから、何か幽霊によって運転されるのだろうというような疑いを起こすことはないでしょう。

62　生物学的な事情の概観

一個の生物体の一生の中で繰りひろげられる出来事は、生命をもたないものの中でわれわれが出会う如何なるものも遠く及ばない実に感嘆すべき規則性と秩序とを表わしています。それを操るものはきわめて高度の秩序を具えた一団の原子であり、しかもその原子団はどの細胞の中でもその細胞全体の中でのごく小部分を占めているにすぎないものだということがわかります。そればかりでなく、突然変異のしくみについて考えてきたところから、生殖細胞の「支配的原子団」の中でほんの少数の原子が位置を転ずるだけでも、生物体の目で見える程度の遺伝的特徴にはっきりとした変化を起こさせるに十分である、という結論がでてきます。

これらの事実は、今日、科学によって明らかにされた最も興味深いことといえます。われわれも結局は、そんなことは全然承認できないというものでもないと思うようになるでしょう。生物体が「秩序の流れ」を自分自身に集中させることによって、崩壊して原子的な混沌状態になってゆくのを免れるという生物体に具わった驚くべき天賦の能力、すなわち適当な環境の中から「秩序を吸い込む」という天分は、「非周期性固体」と呼ぶべき染色体分子の存在と切り離せない結びつきがあるように思われます。それは疑いもなく、秩序の整った原子結合体の中でもわれわれの知る限り最も高度のものであり、その中であらゆる原子やあらゆる化学基がそれぞれ独自の役割を演じているということによって、普通の周期性結晶よりもはるかに高級なものです。

簡潔にいえば、われわれが直面しているのは、現に存在する秩序がその秩序自身を維持する能力と、秩序のある現象を生み出す力とを現わすという事柄です。こういうことは十分ありそうなことだとは思われますが、こういうことをもっともだと納得するためには、どうしても社会組織やその他の生物の活動を含んでいる現象に関する経験を引合いに出さなければなりません。したがってそのため、何か循環論法のようなものがはいり込んでくるように思われるかもしれません。

63　物理学的な事情の概括

いずれにせよ、繰り返し何度でも強調すべき点は、物理学者にとってこのような事態は先例がないので、ありえそうもないと思えるばかりでなく、実に驚愕すべきことだという点です。一般の人が信じているところに反して、物理法則により支配されている規則正しい物事の成り行きは、原子が高度の秩序をもった配列をしていることの結果ではなく、原子の配列状態が、周期性の結晶の場合またははなはだ多数個の同種の分子からなっている液体あるいは気体の場合のいずれかの場合のように、同じ配列がはなはだ多数あることに基づいて出てくる結果に他なりません。

化学者が実験室ではなはだ複雑な分子を取り扱う場合でさえも、必ず莫大な数の同様な分子を相手にしています。そういうものには化学の法則があてはまるのです。たとえば化学者は、或る特定の反応がはじまってから一分後には半数の分子が反応を終えており、二分後には四分の三が反応を終えているという場合がありましょう。だが、仮に或る特定の分子の経路を追跡することができるとしても、その分子がすでに反応を済ませたものの中にあるか、まだ反応を起こしていないものに含まれているかどちらであるかを予言することはできません。それはまったく偶然のことがらです。

私は単に理論的に推測してこういっているのではありません。それは、われわれがただ一個の小さな原子団あるいはただ一個の原子の運命を観察することがどうしてもできないからというのではありません。事実それを観測できる場合も少なくありません。しかしその場合にはいつでも必ず完全な不規則性が見出されるのであって、それらを合わせて平均してはじめて規則性が生まれます。その例はすでに第一章で説明しました。液体の中に漂っている一個の小さな粒子のブラウン運動はまったく不規則です。しかし同じような粒子が多数あれば、それぞれの粒子の不規則な運動によって全体としては規則的な拡散の現象が現われます。

ただ一個の放射性原子が崩壊するのは観察することができます。（或るものを放射しそれが蛍光膜に当たると目にみえるチラチラした光を放ちます。）しかし放射性原子をただ一個だけ取り出したとすると、その寿命を予言することは健康な一羽の雀の寿命をあてるよりもずっと困難です。事実その原子の寿命については次のこと以上には何もいえません。すなわち、その放射性原子が生きている限りいつまでたっても（しかもその寿命は何千年もあるかもしれないのですが）、次の一秒間の間に崩壊する確率は、確率自身の大小には関せず常に一定不変です。このように個々の寿命が定まっていないことが明らかであるにもかかわらず、同種の放射性原子が多数あれば、その結果として正確に指数関数に従う崩壊の法則が出てくるのです。

64　両者は著しい対照をなしている

生物学ではまったく異なる事情にぶつかります。ただ一個の原子団でしかもそれ一つだけ単独に存在しているものが、きわめて精細な法則に従って、相互間およびその周囲と驚くべき調和を保った秩序正しい現象をつくりだします。私がわざわざ、ただ一個だけ単独に存在するといったのは、要するに卵や単細胞生物の場合を考えているからです。高等な生物では生長するに従い、同じものの写しがたくさんできることは事実です。だがどのくらいに増えるのでしょうか？　哺乳動物の親では10の14乗程度のものだと私はみています。これは一体どんな数でしょうか？　空気一立方インチの中にある分子の数のわずか一〇〇万分の一にすぎません。この数はかなり大きいが、それらを全部集めても、ごく小さい一滴の液体ができるくらいなものです。ところでそれらが実際どのように分布しているかを考えてみましょう。すべての細胞は各々その中のちょうど一つだけを宿しています(二倍体ということを思い出すなら実は二つです)。単独な細胞の中でこのちっぽけな中央官庁がもっている力から考えれば、多細胞の場合には、地方行政機関が身体中に分布していて、それらのすべてに共通な暗号のおかげで、相互にはなはだ容易に通信連絡しているような状態と似ているのではないでしょうか？

いやどうも、これはとんだ空想的な説明で、科学者よりむしろ詩人にふさわしいものでした。だがしかし、われわれがここでまさに当面している相手が、物理学の「確率による仕掛け」とはまったく異なった「或る仕掛け」に導かれて繰りひろげられる規則的で法則性をもつ現象であるということを認識することは、詩人の空想ではなくて明晰なまじめな科学的省察だけを必要とする問題なのであります。なぜなら、あらゆる細胞の中の指導原理が、ただ一個だけ(実は多くの場合二個)存在する単一の原子結合体の形で体現されているということは実際に観察された事実に他ならないのです。――さらにそれ(指導原理の体現者である原子結合体――訳者註)が、結局は整然たる秩序の模範というべき現象をつくりだすということも観察された事実に他なりません。一つの小さいながら高度の秩序をもった原子団がこのような働きをすることができるということを、驚くべきことだと思っても、あるいはまったくありそうなことだと思っても、いずれにせよ、このような事情は先例のないことであり、生きているもの以外には他のどこにも見出されていません。物理学者や化学者は、生命をもたないものを研究しているので、このような解釈を下さなければならない現象にぶつかったことは未だかつてありませんでした。こういう場合は起こらなかったので、そのためわれわれ物理学者の理論はそれを包括していないのです。われわれの美しい統計理論は、正確な物理法則のすばらしい秩序の前に下ろされたとばりを除いて、それが原子や分子の無秩序に由来することをはっきりとわれわれに見せてくれたが故に、そしてまたエントロピーの増大という最も重要な最も普遍的な、すべてを包括する法則は何ら特殊な仮定なしに理解できるものであり、それは分子の無秩序自身に他ならぬものであることを明らかにしてくれたが故に、われわれは当然ながらこの理論を大いに誇りとしていたのでありますが、この統計理論は当面の問題を包括していないのです。

65　秩序性を生み出す二つの道

生命が繰りひろげられる際に現われる秩序性は、右のものとは異なる源から発するものです。そもそも秩序正しい事象を生み出すことのできる「仕掛け」には、二通りの異なるものがあるように思われます。すなわちその一つは「統計的な仕掛け」であって、これは「無秩序から秩序」を生み出すものです。もう一つの新しいものは「秩序から秩序」を生み出すものです。先入観をもたない人には、第二の原理の方がずっと単純でずっと考えやすいように思われましょう。確かにそのとおりで、それだからこそ物理学者はもう一つの方、すなわち「無秩序から秩序へ」の原理を見出したことを誇っていたのです。そしてこの原理は実際に自然界に行われており、それだけでも自然現象の大筋、まず第一にその非可逆性を理解する鍵となるものです。しかしこれからひき出された物理法則だけで、直ちに生きているものの行動を説明するに十分だと期待することはできません。というのは、生きているものの最も著しい特徴は明らかにかなりの程度まで「秩序から秩序へ」の原理に基づいているからです。皆さんは二つのまったく異なる仕掛けが同じ型の法則をもたらすだろうとは予測しないでしょう。皆さんは、自分の表戸の鍵で隣りの家の戸を開けられるだろうとはお思いにならないでしょう。

それゆえ生命をふつうの物理学の法則という鍵によって解くことが困難だからといって落胆してはなりません。そもそもそれが困難だということは、生きているものの構造について、われわれが今までに得てきた知識から当然予期されることなのです。われわれは生物体の中に広く行われている新しい型の物理法則を見出す準備ができているに違いありません。それとも、その法則は超物理学的とまではいかないにしても、非物理的な法則と呼ばれるべきものなのでしょうか。

66　この新原理は物理学と相容れないものではない

否、私はそうは考えません。なぜなら、新原理が含まれているといっても、それは純物理的なものです。すなわち私の見解では、それはまたしても量子力学の原理以外の何ものでもないのです。これを明らかにするには、前に私が主張したこと、すなわちすべての物理法則は統計に基づいているという主張を修正するとまではいわないにしても、もっと詳しく吟味するために少し長い説明をしなければなりません。

この主張はすでに何度も繰り返したものですが、反対論をひき起こさざるをえませんでした。なぜなら、その目立った特徴が明らかに直接「秩序から秩序へ」の原理に基づいていて、統計や分子の無秩序とは何の関係もなさそうに思われる現象が事実存在するからです。

太陽系の秩序、すなわち諸惑星の運動は、ほとんどはてしのない長い時間にわたって維持されています。今の瞬間の星座はピラミッドの時代の任意の特定の瞬間における星座と直接関連しています。今日の星座から過去にさかのぼってピラミッドの時代の星座を追跡して求めることもできるし、またその逆も可能です。有史時代の日食が計算され、それは歴史に記されている記録とはなはだよく一致することが見出されましたし、また歴史上承認されていた年代を訂正するのに役立った場合すらあります。これらの計算は何ら統計を含まず、専らニュートンの万有引力の法則に基づいているのです。

それからまた、良い時計や類似のあらゆる仕掛けの規則的な運動も統計とは何ら関係がないように見えます。一口にいえば、純粋に機械的な現象はすべてはっきりとしかも直接に「秩序から秩序へ」の原理に従っているように見えます。そしてこの場合、「機械的」という言葉は広い意味にとらなければなりません。ご存じのように或る種の非常に便利な時計は発電所から電気的な脈動が規則正しく伝達されてくることに基づいています。

私はマクス・プランクの「力学的法則性と統計的法則性」という題の興味深い小論文を思い出します。この両者の区別は、私がここで「秩序から秩序へ」および「無秩序から秩序へ」という言葉で言い表わした区別とそっくり同じです。プランクのこの論文の目的は、目でみえる程度の大きさの現象を支配する興味深い統計的法則性が、目でみえない小さな現象、すなわち個々の原子や分子間の相互作用を支配していると考えられる「力学的」法則からどんなふうにして構成されているかを示すことでありました。力学的法則性が現われるのは、目でみえる程度の大きさの機械的な現象では、たとえば惑星の運動や時計の運動などです。

このようにして、われわれがばかにものものしく、生命を理解する真の手掛りであるといって指摘した「秩序から秩序へ」の原理という「新原理」は、物理学にとって何ら新しいものではないと考えられるでしょう。プランクの態度はこれを先に指摘したという先取権を立証するものでさえあります。われわれはここで或るばかばかしいような結論に到達したように思われます。その結論とは、生命を理解するには、生命は一つの純粋な機械的仕掛けすなわちプランクの論文で用いられている意味での「時計仕掛け」に基づいているということが手掛りとなるとの結論です。これはばかばかしい結論ではなく、私の見解によれば全然まちがっているというものでもありませんが、文字通りに鵜呑みにしないように十分気をつけなければならないものです。

67　時計の運動

さて、ほんものの時計の運動を正確に検べてみましょう。それは決して純粋に機械的な現象ではありません。純粋に機械的な時計だったなら、バネもゼンマイも要らないでしょう。ひとたび動きはじめれば永久に動き続けるでしょう。実際の時計ならバネがなければ振子が数回振れば止まり、その機械的エネルギーは熱に変わってしまいます。これはものすごく複雑な原子的過程です。物理学者がこれについて考えるとき一般的な結論として、その逆の過程は絶対的に不可能なものではないと認めざるをえません。すなわち、バネのない時計がそれ自身の歯車や周囲のものの熱エネルギーを使って突然動きだすかもしれないということです。物理学者にいわせれば、時計が例外的に強いブラウン運動の衝撃を受けるということです。すでに第一章(9節)で見たように、はなはだ鋭敏なねじり秤(電位計や電流計)ならばそのようなことが絶えず起こっています。時計の場合には、そんなことはもちろん到底起こりそうもありません。

時計の運動を(プランクの言葉を使えば)力学的法則性に従う現象とみるべきか統計的法則性に従う現象とみるべきかは、われわれがとる態度如何によることです。それを力学的現象と呼ぶ場合には、われわれは規則正しい時計の動きだけを注目しているのであり、この運動は比較的弱いバネにより確保され、熱運動による微弱な乱れに打ち勝つので、われわれはこの乱れを無視してさしつかえないのです。しかし、もしバネがなければ時計は摩擦によって次第に遅くなり間もなく止まってしまうことを考えるならば、この過程は統計的現象とみてはじめて理解できることがわかります。

摩擦や熱に変わることの影響が実用的な見地から見てたとえ如何にとるに足りないものであっても、それを無視しない第二の態度の方が、たとえバネによって動かされている時計の規則的な運動を取り扱っている時でさえも、より基本的な態度であることは何ら疑いのないところであります。なぜなら、機械を動かす仕掛けがあれば、この過程の統計的な性質を問題にしなくてもよいと考えてはならないのです。真の物理的な見方は、規則正しく動く時計でさえも、突然その向きを逆に変えて、周囲の熱を使って逆向きに働き自分自身のバネを巻きなおすという可能性をも含むものでなければなりません。ただしこのようなことは、動かす仕掛けのない時計が「ブラウン運動の衝撃」を受けて動き出すよりも「なおもうちょっと起こりそうもない」のです。

68　時計仕掛けもつきつめてみれば統計的なものである

次にこの事情を一通り考えてみましょう。われわれが詳しく検べたこの「単純」な場合は他の多くの場合を代表するものです。実際、最も包括的な分子統計論の原理からもれているようにみえるすべての場合を代表しています。実在の物理的物質(空想上のものでなく)でつくられている時計仕掛けは真の「時計的な仕掛け」ではありません。偶然性の要素は多かれ少なかれ減らされており、時計の動きが突然まったく狂ってしまう可能性は無限に小さいのですが、しかしそのような可能性は常に背後に含まれています。天体の運動においてさえも、不可逆的な摩擦と熱の影響がまったくないわけではありません。したがって地球の自転は潮汐の摩擦によって徐々におそくなり、自転の減少に伴って月が地球から次第に離れてゆきます。こういうことはもし地球全体が完全に剛体の球でそれが回転しているのだったら起こらないでしょう。

右のような事情にもかかわらず、「物理的な時計仕掛け」が外見上きわめて顕著な「秩序から秩序へ」の特徴を現わすという事実に変わりはありません。そして物理学者が生物の世界でそういうものにぶつかった時びっくりしたというわけです。この二つの場合はつきつめてみれば何か共通なものをもっているように思われます。何がその共通のものであるかを知り、生物体の場合を結局新奇で前例のないものにしている著しい違いが何であるかを知ることが残されている問題です。

69　熱力学の第三法則(ネルンストの定理)

一つの物理的な系——任意の種類の原子の集合体——が「力学的法則」(プランクの意味での)あるいは「時計仕掛けの特性」を現わすのは如何なる場合でしょうか? 量子論はこの問いに対してきわめて簡単に答えます——絶対温度零度において、と。温度が零度に近づくに従って、分子の無秩序は物理現象に何らの影響をも与えないようになります。ところで、この事実は理論により発見されたのではなくて、化学反応を広い温度範囲にわたって注意深く研究し、その結果を絶対温度零度(これは実際には到達されないものです)にまで拡張してあてはめてみることにより発見されたのです。これがワルター・ネルンストの有名な「熱定理」であって、しばしば「熱力学の第三法則」という堂々たる名で呼ばれるのも決して不当ではありません。（ちなみに第一法則はエネルギーの原理、第二法則はエントロピーの原理です。）

量子力学によりネルンストの経験的法則の合理的な基礎が与えられ、一つの系が近似的に「力学的」な行動を演ずるためには絶対零度にどの程度まで近づかなければならないかを算定することもできるようになりました。何か特定の場合をとるとき、どの程度の温度なら実際上零度に等しいと見なすことができるでしょうか？

ところが、これは必ずきわめて低い温度でなければならないというように考えてはなりません。事実、ネルンストの発見は、室温でさえも多くの化学反応においてエントロピーの演ずる役割は驚くほどわずかであるという事実から導き出されたものです。（エントロピーは分子の無秩序の程度を直接表わす目安となるもので、詳しくいえばその大きさの対数だということを思い出して下さい。）

70　振子時計は事実上絶対零度にある

では振子時計の場合はどうでしょうか？　振子時計にとっては、室温は実際的には零度と同等なものです。それだからこそ、振子時計は「力学的」な働きをするのです。それを冷しても(油が固まらないようにすっかり拭きとっておけば)、今までと少しも変わらずに働き続けるでしょう。しかしもし室温よりずっと高い温度まで熱すれば、ついに溶けてしまい、時計の働きを続けません。

71　時計仕掛けと生物体との関係

こんなことはわかりきったようなことですが、肝腎な急所をついたものと思います。時計が「力学的」に働きを営むことができるのは、それが固体でつくられていて、その固体がハイトラー-ロンドンの力によって、形を保持しているからです。この力は常温で熱運動が秩序を乱そうとする傾向をおさえるに足るほど十分強いものです。

さてここで、時計仕掛けと生物体とが似ている点を明らかにするために、もうちょっと説明を加えることが必要だと思います。要するにそれは単に、後者(生物体)もまた固体をかなめにしているという点だけにすぎません。この固体がすなわち遺伝物質を形づくっている非周期性結晶であり、熱運動の無秩序から十分に保護されています。ただし私が染色体繊維はちょうど生物機械の歯車であると言ったからといって、少なくとも、その類比の根拠をなす深い物理学の理論に言及することなしに私を責めないでいただきたいと思います。なぜなら、まったく両者の間の基本的な差異を取消してしまって、生物学的な問題について先例のない新奇な形容詞を正当か否かなどと論ずることは言葉の遊戯以上のものではないでしょう。

最も著しい特徴は次のとおりです。第一は、多細胞生物の場合にこの歯車が巧妙に分布していること。これについては64節でどちらかといえば、詩的な説明をしました。第二は、ただ一つの歯車ももちろん人間のつくった粗雑なものではなく、量子力学の神の手になる最も精巧な芸術作品だという事実です。

エピローグ

決定論と自由意思について

私は、本書の課題の純粋に科学的な面を、何らの主観を交えずありのままに解き明かそうとして真剣に骨折ってきました。その代りここでは、この問題の哲学的な内容に対する私自身の見解をつけ加えたいと思いますが、これはどうしても主観的たるを免れないことを御諒承下さるよう希望します。

これまでのページで述べてきた事実を基にして考えれば、生きている生物の身体の中で行われる時間・空間的現象は、その生物の心の働きや自覚的な活動に対応するものであっても、(それらの現象の複雑な組立てと、物理化学によるその統計的説明として認められていることがらとを併せ考えると)厳密に決定論的といえないまでも、とにかく統計的＝決定論的であります。物理学者に対して強調したいのですが、私の見解では、或る一派の人々の懐いている意見とは反対に、これらの現象の中では量子論的な不確定性は生物学的にみて重要な役割は何も演じておりません。ただし例外として、減数分裂や自然発生的およびX線により誘起される突然変異などのような現象においては、おそらくその純粋に偶然的な特性を強化することにより生物学的に重要な役割を果しております。とにかくこの点は明らかであり、十分に認められています。

議論を進めるために、右のことがらが事実だと見なしましょう。偏見をもたない生物学者なら誰でも、もし「自分自身が一個の純粋な機械仕掛けであると明言する」ことを不愉快に感ずるという一般的な感情さえなかったなら、右の考え方に賛成するだろうと私は信じています。実際、このような考え方は、自由意思の存在が直接の内観により保証されているということと矛盾するように思われるのですから。

しかし、直接の経験というものは、如何に多種多様であり互いに異なっているように見えても、それ自体が互いに矛盾することは論理的にいってありえません。そこで、次の二つの前提から互いに矛盾しない正しい結論をひき出すことが不可能であるか否かを考えてみましょう。

(i) 私のからだは自然法則に従って、一つの純粋な機械仕掛けとして働きを営んでいる。

(ii)　にもかかわらず、私は私がその運動の支配者であり、その運動の結果を予見し、その結果が生命にかかわる重大なものである場合には、その全責任を感ずると同時に実際全責任を負っている、ということを疑う余地のない直接の経験によって知っている。

右の二つのことがらから推して考えられる唯一の結論は、私――最も広い意味での私、すなわち今までに「私」であると言いまたは「私」であると感じたあらゆる意識的な心――は、とにかく「原子の運動」を自然法則に従って制御する人間である、ということだと思います。

一つの文化圏の中で、(その圏外の人々の間でかつてはもっと広い意味をもっていたし、あるいはまた今日もなおそうであるような)或る種の概念が、局限された特定の意味だけをもたされているような場合、その文化圏の中で、右に述べた私の結論の意味内容を簡潔に表現しようとすることはなかなか大胆なことです。たとえばキリスト教徒の中で「故に我は神の全能を具えたり」と言ったら、神を冒瀆したといわれるばかりか、気が狂ったと思われます。しかし、言葉の中に含まれるかかる響きをしばらく無視して、はたして右に述べた結論は、生物学者が神と(霊魂の)不滅とを一挙に証明しようとして到達しうる結論に最も近いものではないかどうかを考えてみましょう。

このような洞察そのものは決して新しいものではありません。私の知る限り最も古い記録は約二五〇〇年あるいはもっと以前にさかのぼります。古代インド哲学の聖典ウパニシャッド*のつくられた時代の初期から、「人と天とは一致する」(アートマン=ブラーフマン。人間の自我は普遍的な全宇宙を包括する永遠性それ自体に等しい)という認識がインドの哲学思想において、神を冒瀆するものどころか森羅万象の最も深い洞察の真髄であると考えられていました。人間が言葉を使うようになって以来、ヴェーダンタ哲学の学派に属するあらゆる人びとの精進は、実にあらゆる思想の中で最も偉大なこの思想を心中に会得することにありました。

＊ ウパニシャッドとは西暦紀元前八世紀から前六世紀頃にわたりインドでつくられた数十種の典籍の総称であり、哲学的思想、世界観を取り扱ったものである。これらの多くの書は全体として一貫した体系をなすものではないが、そのすべての書に共通した中心的思想は、「梵(ブラーフマン)・我(アートマン)の一致」という考えである。梵とは、一切の現象の背後にある本体を思索により追求した結果到達した観念で、宇宙の第一原理を意味する。アートマンとは語義は「呼吸」ということで、これが「生命」、「意識」という意味になり、進んで「他者」と区

別した「自己」を意味する「自我」となり、ついに、万物を創造する超個人我という観念が生まれ、梵と同一視されるようになった。

この「梵我一致」の思想はさらに、人間の運命は前世の業により宿命づけられ再生輪廻するという思想と結びつけられ、苦行によって「梵我一致」を認識することにより、輪廻から解脱しうるという思想が形成された。後にウパニシャッドの研究により、この思想を体系づけようとした一派が前三世紀頃に起こった。これがヴェーダンタ学派で、後世に多くの註釈者が出て様々に註釈され現今に及んでいる(訳者註)。

その後何世紀もの間に現われた神秘家たちが、互いに独立にしかも相互に完全に一致して(あたかも理想気体の中の気体粒子を連想させるように)、それぞれが自己の独自な生活体験を「私は神となった」との一句に要約できる言葉で表現しています。

ヨーロッパの思想体系の中では、この思想は人々になじまないままで今日に至りました。もっとも、ショーペンハウエルその他の人々がこれを支持しました。また、普通の人の場合でも本当の恋人同士が互いに相手の眼をじっと見つめている時、二人の思想と二人の歓喜とは文字通り一つとなり、単に似通っているとか等しいとかいうのではないことに気づくものですが、普通は二人は情緒的な応接に暇がないため澄みきった思索に耽る余裕がないのであり、そのような思索をすれば神秘家の場合とはなはだよく似たことになります。

もう少し説明をつけ加えましょう。自我の意識というものは複数の形で同時に二つ以上感じられるということは決してなく、常に単数の形でのみ経験されるものです。精神分裂とか二重人格とかいうような精神病理学的な場合でも、二つの人格は交互に現われ、二つが同時に現われるということは決してありません。夢の中でわれわれは同時にいくつかの人物を実際に演ずることがありますが、それらが相互に区別がつかないようなことはなく、つまりわれわれは常にその中のどれか一つなのです。その場合、われわれが或る人物になって直接に行動したり話したりしながら、同時にその相手の返答や反応を頻りに待っており、しかもその時われわれ自身の行動ばかりでなく、その相手の人物の行動や言葉を支配しているのも他ならぬわれわれ自身だということを気づかずにいることがよくあります。

そもそも自我が複数であるという観念は(ウパニシャッドの作者がこれにあれほど強く反対したのですが)、一体どのようにして生じたものでしょうか? 自我の意識というものは空間的にある限られた領域内の物質すなわち身体の物理的状態と密接に結びつき、その状態の如何によって定まるものです。(身体の成長に伴い心にも変化が起こることは、たとえば思春期や老年期や耄碌などを考えてごらんなさい。あるいはまた熱病や酩酊や麻酔や脳障害などを考えて下さい。) さて、よく似た身体というものがはなはだ多数存在しています。したがって意識あるいは心を複数として考えることははなはだ暗示に富む仮説だと考えられます。おそらく単純な気の利いた人なら誰でも、ヨーロッパの哲学者たちの大多数と同様に、この仮説を受け容れたことでしょう。

この仮説からほとんど直ちに、肉体の数と同じ数だけの霊魂があるという説が案出され、これらの霊魂は肉体と同じく滅びるべきものなのか、それとも霊魂は不滅で、それ自身単独で存在しうるものなのかという問いが出てきます。この二つの可能性の前者はいやなものですが、後者はそもそも意識を複数として考える根拠となっている事実をあっさり忘れてしまっているか、または無視しているか、あるいはそれを否認するものです。これよりもっとずっと馬鹿げた疑問も取り上げられてきました。すなわち、動物もまた霊魂を所有するか? というのです。女性もまた霊魂をもつか、あるいは男性のみに限るか? ということが問題にされたことさえありました。

こんなことはたとえ一応問題にされただけだとしても、こんな疑問が出てくるからには、ヨーロッパ人の公認の諸信条のすべてに共通した、意識を複数とする仮説を疑わざるをえません。もし、われわれがそれらの信条のなかのひどい迷信を棄てることによって霊魂が複数であるという素朴な観念を保持し、さらに、霊魂は不滅ではなくて各人の肉体とともに消滅するものであると言明することによってこの観念を「救済」するならば、われわれはもっとはるかに大きい愚を犯すことになりはしないでしょうか?

これに代えうる唯一の途は、意識は単一の存在であって、同時に二つの自我意識というものは考えられないという直接の体験をしっかり固守しさえすればよいのです。すなわち、ただ一つのものだけが存在し、多数あるようにみえるものはこの一つのものの現わす一連の異なる姿に他ならないものであり、或る幻(インド思想のマーヤー)によってつくり出されたものだという考え方です。これと同様な幻影は鏡をはった画廊において生じます。そしてまたゴーリサンカール山とエベレスト山とは同一の峯を別の谷から見たものであることがわかったのも同様のことです。

いうまでもなく、われわれの頭には人をまどわす手の込んだつくりごとがこびりついているので、こんな簡単な考え方が受け容れにくくなっています。たとえば、そこの窓の外に一本の樹木がある、しかし実は、私に見えているのは樹木ではないのだ、というようなことが説かれたことがあります。或る巧妙な仕掛けによって実在の樹木はそれ自身の像を私の意識に投影し、私が知覚するものはその映像に他ならない。しかもその仕掛けのはじめの方の比較的簡単な数段階だけしか探られていない。もし君が私のそばに立って同じ樹木を眺めれば、その樹木は君の霊魂にも一つの映像を投げることになる。私には私の樹木がみえ、君には君のもの(著しく私のものと似ている)がみえるのであり、その樹木そのもの自体が何であるかはわれわれにはわからない、というようなとんでもない行き過ぎた考え方は、カントによるものです。意識を単一の存在とみる考え方の線に沿えば、このような説明の代りに、存在するものは明らかにただ一つの樹木であり、映像云々はすべて人をまどわすつくりごとにすぎないと言えばすむのです。

にもかかわらず、われわれは誰でも、自分自身の経験と記憶との総和は一つのまとまったものをなしており、他の誰のものとも画然と区別がつくということを疑う余地のないほどはっきり感じています。そしてこれを「私」と呼ぶわけです。この「私」とは一体何でしょうか?

もしこの問題を深く立ち入って分析するなら、それは個々の単独なデータ(経験と記憶)を単に寄せ集めたものにほんのちょっと毛のはえたもの、すなわち経験や記憶をその上に集録した画布《キャンバス》のようなものだということに気づくでしょう。そして、頭の中でよく考えてみれば、「私」という言葉で呼んでいるものの本当の内容は、それらの経験や記憶を集めて絵を描く土台の生地だということがわかるでしょう。たとえば皆さんが遠い国へやって来て、友人の誰一人にも会えなくなり、ほとんど昔の友達を忘れてしまったと考えてごらんなさい。そこで新しい友達をつくってそれらの人びとと生活をともにし、かつて昔の友達と交わっていたときと同様の深い交わりを結ぶとします。この新しい生活を営んでいるときには、皆さんがなおも昔の生活を思い出すということは、しだいしだいに重要さを失ってゆくことでしょう。「かつて私であった青年」のことを第三者のこととして物語るようになり、事実、皆さんがいま読んでいる小説の主人公のほうが、おそらくいっそう親近感がもて、いっそう生き生きしていてよく知っている人物のように感じられるでしょう。にもかかわらず昔と今との間には途切れ目はなく、一度死んだわけではありません。そしてたとえ熟練した催眠術師が皆さんの昔の追憶をうまくすっかり根こそぎに消し去ってしまったとしても、催眠術師が皆さんを殺してしまったとは思われないでしょう。如何なる場合でも、自分自身の存在が失われてしまったことを嘆くことはありえません。

そんなことは永久にないでしょう。

エピローグへの註

ここで私がとった見地は、オールダス・ハクスリが最近「永遠の哲学」と名づけたものの部類に属します。この名称は実にぴったりとしたものであり、彼の快著(*Perennial Philosophy*, London, Chatto & Windus, 1946.)はこのようなことがらを格別適切に説明しているばかりでなく、これを把握するのがなぜそれほど困難であり、またこれが多くの反対論を受けがちなのはなぜか、ということを説明するのに格別適しているものです。

岩波新書版(一九七五年)への訳者あとがき

鎮目恭夫

一

本書は Erwin Schrödinger: *What is Life ?—The Physical Aspect of the Living Cell,* Cambridge University Press の全訳です。原書は一九四三年二月、ダブリンの高級学術研究所の主催で行われた公開連続講演をもとに、一九四四年初版が出版されました。翌年にはアメリカ版も出て各方面から注目され、賛否交々の論議をひき起こしました。一四七ページの「第六章への註」は一九四五年に追加されたものです。この邦訳は一九四八年版によりました。

すでに一九五一年八月に岡・鎮目両名の共訳書が岩波新書の一冊として出版されましたが、このたび湯川秀樹監修『シュレーディンガー選集』(全四巻、共立出版)の刊行が始まり、その第三巻に本書が収められることになった機会に、訳者は五一年版を再点検し、その結果、七五年版では、末尾の「エピローグ」の中の哲学的議論については、旧訳文をかなり修正しました。その他の部分については、学術用語を最近慣用のものに改めたり、意味をわかりやすくするための小さな修正をあちこちに加えただけです。なお、五一年版の末尾に訳者が付加した「シュレーディンガーについて」と「訳者あとがき」とのうち、後者は削除し、二人の訳者の別々の「あとがき」に替え、前者は少し加筆して鎮目の「あとがき」の末尾にそえました(文庫版一九二ページ以下に収録)。

本書の科学的および歴史的な意義

分子生物学と呼ばれるものは、一九五三年にワトソンとクリックが遺伝物質DNAの分子構造模型を提出したのを決定的な転機にして生まれたというべきですが、その約一〇年前に出た本書は、分子生物学的な生物像の骨組みを今日なお古びていない仕方で示しています。

末尾のシュレーディンガー略歴で再説するように、彼は一九三〇年前後からの素粒子物理学の発展にはアインシュタインと同様に直接にはほとんど寄与も参加もしませんでした。しかし、彼はそのようにいわば古典物理学的な自然像にあくまで執着したがゆえに、かえって生物物理学の発展にはきわめて重要な貢献をしました。すなわち、彼は本書において、量子力学の誕生以前に主にプランクとアインシュタインによって明示された自然界の量子的構造(量子論的非連続性の存在)にもとづく原子や分子の構造の安定性が、生物の遺伝形質の高度の安定性を可能にしている決定的な要因であることを指摘することによって、本書の一〇年後に確立された分子遺伝学への基本路線を示したのです。このことについては、湯川博士が中央公論社版「世界の名著」の第六六巻『現代の科学Ⅱ』(一九七〇年)の巻頭の解説の中ですぐれた指摘をされており、訳者の今日の見解もそれに負うところがあります。

ところで、シュレーディンガーは分子生物学の形成に右のように大きな貢献をしたとはいえ、本書で彼が生物を一種の時計仕掛けとみなし、その歯車を非周期性結晶と呼んださいに、彼の念頭にあったものは主にタンパク質の分子だったと私(鎮目)は思います。今からみれば、分子生物学の誕生のためには、彼が非周期性結晶と呼んだ高分子のうちで最も基本的なものはタンパク質ではなく核酸(とくにデオキシリボ核酸)であるということの発見が、もう一つの不可欠なステップだったとみるべきでしょう。

生物の生命を司る最も基本的な物質はタンパク質だという見解は、一九世紀に発し、二〇世紀の前半全体にわたって生化学者やその他の科学者の間で支配的でした。エンゲルスの『自然の弁証法』――死後に遺稿から編集されたもので最初の出版は一九二五年――のなかに「生命とは蛋白体(卵白様物体)の存在様式である」というコトバがあったことも、このようなタンパク質重視の思潮にかなり大きな寄与をしたように思われます。

以上のほかに、こんどの「訳者あとがき」で指摘しておきたい問題がもう一つありま す。一九四八年夏に開かれたソ連農業科学アカデミー総会の冒頭でT・D・ルイセンコが会議の基調講演をしましたが、その中に次のようなコトバがあります――以下の引用文は、C・ザークル編『ソヴェトにおける科学の死』(長島礼・二宮信親訳、北隆館、一九五二年)によるものです――

「モルガン遺伝学のイデオロギー上の真実の姿を見事に暴露したのは物理学者E・シュレーディンガーであった。その著書『生命とは何か――物理学からみた生活細胞』の中で、かれはワイスマンの染色体説に味方した紹介をおこないつつ、一連の哲学的推論をたくましくした。……われわれソヴェト的ミチューリン主義思想の代表者たちの主張するところは、動植物がその発達過程において獲得する形質の遺伝は可能であり、かつ必要不可欠の条件であるということである。」(同訳書一四一―一四二ページ)

ルイセンコはさらに、シュレーディンガーのこの著書をロシア語に翻訳したA・A・マリノフスキーを非難してこう述べました――

「……シュレーディンガーに関して訳者あとがきの筆者〔マリノフスキー〕が感涙にむせんでいることは、生物学におけるわが〔ソ連の〕モルガン主義者たちの観念論的な見解と立場をまことに雄弁にものがたっている。」(同訳書一四九ページ)

このように本書の出版のころから約一〇年間は、ルイセンコによるブルジョア遺伝学非難をめぐる論争が世界的にひろがった時代でもありました。当時のわが国におけるルイセンコ論争では、ルイセンコ側の人々は本書の日本語訳書に対して、ルイセンコがロシア語訳書に浴びせたような全面的非難は加えなかったし、訳者の一人鎮目は当時のわが国のルイセンコ論争におけるルイセンコ側の論客の一人でさえありました。とはいえ、今になってみれば、当時のわが国のルイセンコ支持者たちは本書に対して充分適切な理解と評価を与えたとはいえず、日本語訳書初版の「訳者あとがき」――主に鎮目の手になる――にもそのような難点がありました。

当時のルイセンコ論争の最も中心的な争点は、獲得形質の遺伝の問題にありました。すなわち、生物が自然界での進化や人間による品種改良などによって環境への適応性を増大させてゆく現象について、正統派遺伝学(ルイセンコからしばしばメンデル・モルガン・ワイスマン遺伝学と呼ばれたもの)の側の人々は、次のような判断または予想を主張しました――生物が世代を重ねるにつれて環境への適応性を増してゆく現象は、適応性の増減とは無関係に起こる様々な遺伝的変化を受けた様々な個体が環境のなかで生きてゆくとき、より大きな適応性をもつ個体のほうがより多くの子孫を残すという仕方でおこる現象であると。これに対しルイセンコ側の人々は、生物の個体は自己の遺伝形質を環境への適応性を増大させるような方向へ変化させる能力をもつ――裏返して言えば、環境は生物の各個体の遺伝形質をそのように変化させる力をもつ――と主張し、この意味で各個体が環境との相互作用によって環境適応的な新しい遺伝形質を獲得することが、生物の進化や品種改良を可能にする基本的メカニズムであるという判断または予想を主張しました。

右の対立の核心をもっと簡潔に言いかえると、ルイセンコ側が、生物と環境とは、生物の各個体の遺伝性を環境適応的な方向へ必然的に変化させるような歯車で嚙み合わされていると唱えたのに対し、正統派側は、そのような必然的な歯車ではなく、偶然的な様々な遺伝的変化が環境という篩《ふるい》によって選別され適者が生き残るという仕掛けを唱えたのでした。この論争で争われた「獲得形質の遺伝」というコトバは、単に個体が親からの遺伝でなしに新しく獲得した何らかの特性が子孫へ遺伝すること一般を指すものではなく、生物の個体と環境との間の右のような意味での必然的な歯車によって生じた新しい特性が子孫へ遺伝することを指します。

右のような論争の進行のなかでやがて、それまでルイセンコ側が発見したと唱えてきた獲得形質の遺伝のようにみえる諸現象(春化処理とか接木実験とか等々によるもの)が、じつは正統派側の主張する仕方で生じた現象であることが判明したり、ルイセンコ側による全くのデッチあげであることが暴露されたりしてきたばかりでなく、より重要なことに、正統派側の研究者たちが、とくにカビや細菌やウイルスについて、見掛け上はいかにも獲得形質の遺伝のようにみえる新しい様々な現象(細菌の薬剤等に対する耐性獲得や、環境に対する栄養要求の変化など)を発見し、かつそれらが環境によって適応的な方向へ誘発された遺伝的変化によるものではなく、突然変異個体が環境によってふるい分けされる結果であることを明らかにしてきました。ちなみに、本書におけるシュレーディンガーの立論に最大の科学的論拠を与えた実験物理学者デルブリュック(文庫版九〇、一一二、一三四ページ参照)は、一九四〇年代初期から微生物学者ルリアと共同して細菌やウイルスの遺伝的変異の研究に取り組み、一九五〇年代になってレプリカ法という巧妙な実験方法を案出して、細菌集団に生ずるいかにも獲得形質の遺伝のように見える環境適応現象が正統派の唱えたとおりの仕方でおこることを決定的に実証しました(彼はこれらの業績により一九六九年度ノーベル医学生理学賞の受賞者の一人となりました)。

以上で問題の純科学的側面のみを述べたルイセンコ論争の全経過は、マルクス主義者たちが今日まで科学と科学哲学とについて行ってきた活動のうちで、成功ではなく失敗の、しかし失敗よりは挫折と呼ぶほうがふさわしいものの最も典型的な一例です。

獲得形質の遺伝と呼べる型に属する何らかの遺伝的変化の存在の可能性は、今日の分子生物学でもまだ完全に否定されてはいません。しかし、そのような型に属する何らかの環境誘導的な適応的変化現象が今後たとえ発見されたとしても、その発見はもはや、かつてのルイセンコ論争時代にならもったであろうような大きな科学的意義をもつことはできないと私(鎮目)は思います。

本書の読者が、以上のこと(およびここではほとんど立ち入らなかったルイセンコ論争の社会思想史的意義)を適切に理解したうえで研究や思索を進めるのであるなら、今や、ルイセンコ論争の歴史は、単にマルクス主義者の失敗の歴史として教訓的に役だつだけではないはずです。なぜなら、かつてのルイセンコ派たちの思想と行動は、その政治的な側面においてはともかく、その科学的および哲学的な側面においては、生物と環境とを一体不可分の統一体として扱おうとする思想と行動との歴史の一環として、今なお重要なプラスの示唆を含んでいるからです。

過去半世紀余りの科学史を顧みるに、なかなか皮肉なことに、シュレーディンガーは、量子力学を誕生させた以後には、本来の物理学の中央最前線になった素粒子物理学の領域では、何らの直接的業績をあげえなかったが、それゆえにかえって今後新しく再評価されねばならないかもしれない立場にあり、それとちょうど逆に、彼は近代生物学の中央最前線となった分子生物学の領域では、従来学界で評価されてきた以上に重要な基本的貢献をしましたが、それゆえにかえって今後は、かつてルイセンコ派から受けたよりもずっと深い真に科学的・哲学的な批判の対象になるかもしれない立場にあるように思われます。本書でシュレーディンガーが遺伝子の突然変異を非周期性結晶の「異性体的変化」と呼んだ点については、本書から三〇年後の今日の分子生物学においても何らの本質的な進歩がないようです。それゆえに本書は、生物学全般およびその一環としての遺伝学の今後の発展における次の本質的一歩のための土台として、本書の初版当時に劣らない価値を今日再び有しうるのではないかと思われます。

シュレーディンガー略歴

シュレーディンガーは、一八八七年オーストリアのウィーンに生まれました。同地で教育を受け、ウィーン大学に学びましたが、そのころウィーン大学には、確乎たる原子論の立場にたつ統計力学の指導者ボルツマンがいました。ボルツマンは一九〇六年自殺したので、彼が接した期間は短かったが、その学風から影響を受けたことは少なくなかったと思われます。シュレーディンガーは研究生活に入ると間もなく一九一二年に、物質の電気的・磁気的性質を電子論と原子構造から理論的に導く研究論文を発表しました。その後の研究は、多方面の理論的な問題におよんでいますが、その中には、大気中の音波の伝播の問題や、薄い液体膜(泡)の振動などの研究があります。また結晶格子とX線の干渉などの論文もあります。要するに、振動(物質中の音波や光の波)とその原子的(粒子的)な構造との関係というものが主要な関心の的だったといえましょう。

一九二〇年にウィーンを去り、スツットガルト大学の理論物理学教授の席を得、同年結婚し、翌年にはスイスのチューリヒ大学の教授になりました。そのころようやく、前期量子論と相対性理論との立場から従来の力学に適当な制限を付加するというやり方での研究が行きづまり、原子のような世界にあてはまる新しい力学体系が必要になってきました。その中で一九二五年にハイゼンベルクが、まったく新しい立場から原子の力学を提唱し、ボルンとヨルダンはこれをマトリックス力学の形にし、これにより従来のニュートン力学と原子の力学との間に或る形式的な対応がつけられました。これに対し、シュレーディンガーはより直観的なモデルを考えており、従来の物理学で力学と光学との形式上の相似の関係を追求していました。一九二三年フランスのド・ブロイが、物質粒子に波動的な性質が伴うことを相対性理論の立場から示したことにヒントを得て、原子の中の電子の波動が、干渉によっていくつかの定常波をつくって安定な電子軌道を生ずるというアイディアから、波動力学と名づける新力学を提出しました。一九二六年、彼が三八歳の年の三月から九月にわたり発表した「固有値問題としての量子化」と題する前後四篇の論文は、今日シュレーディンガーの波動方程式と呼ばれる基本的な形式を導き、この波動力学がハイゼンベルクらのマトリックス力学と数学的に等価なものであることを証明し、さらに水素原子への応用例を示した論文でした。こうして新しい原子力学(やがて量子力学と呼ばれるようになったもの)が基本的に確立されました。

彼は一九二七年にプランクのあとをついでベルリン大学理論物理学教授になり、ユダヤ人ではなかったが、ヒトラーのナチスがドイツの政権を獲得した一九三三年にイギリスに渡り、同年ディラックと共にノーベル物理学賞を与えられ、オクスフォード大学とアイルランドのダブリン高級学術研究所に席を得ました。そして一九三六年にオーストリアのグラーツ大学にもどりましたが、第二次大戦の勃発により中立国アイルランドのダブリン研究所に落着きました。

ところで、シュレーディンガーの波動力学は、ハイゼンベルクのマトリックス力学やディラックの非可換代数力学とくらべて直観的・時空的な原子像を頭に描くのにはるかに好都合で、そのため化学結合の理論やその他の原子・分子レベルの諸問題について量子力学の威力と信用を急速に高めるのに役だちました。しかしまた彼が頭に描いた原子像・自然像は、アインシュタインのそれと似て、物質の時空的連続性について古典物理学的自然像に執着したものであり、そのためこの連続性と量子力学的現象で問題になる非連続性(物質構造の量子的非連続性や時間的変化の因果的非連続性)との矛盾に鋭くぶつかりました。そしてこの矛盾については、ボルンが「量子力学的確率」という観念を導入し、ハイゼンベルクが「不確定性原理」を提唱し、ボーアが物質の構造とその変化について時空的記述と因果的記述とは同一物の二つの側面像——二つの側面を同時に直接見ることはできないが二つの側面像は相互に補いあうもの——であるという「相補性原理」を提案したことによって、学界の大勢は哲学的不安から解放され、以来これが量子力学の正統派的解釈(コペンハーゲン的解釈)として学界の主流になり、理論物理学界の中央最前線は一九二〇年代末からこの線にそった量子力学による素粒子物理の研究へ向かいました。しかし、アインシュタインやシュレーディンガーは量子力学のこの正統派的解釈に終生にわたり強い疑問と不信をいだき、そのためシュレーディンガーはアインシュタインと同様に一九二〇年代末以後は理論物理学界の主流から全くはずれ、精神的孤独な生涯を歩いたのでした。個人というものは、ある究極的な意味では誰もみな孤独でありひとりで死んでゆくものではありますが、シュレーディンガーはその孤独さを後半生にはっきり自覚的に体験しつつ生きた人の一人でした。そのような孤独の自覚は古今東西の万人との一体的連帯感と相補的なものであり、そのことが本書のエピローグの哲学的な文章のなかに反映していると訳者は思うのですが。

一九三〇年ごろ以来、シュレーディンガーの関心の最も中心的な焦点は、アインシュタインの場合と全く同じではないが、物質と電磁気と重力とを統一的に扱う単一場理論と宇宙論へ向かったように思われます。彼はダブリンで三冊の優れた小著――本書（一九四四年）と『統計熱力学』（一九四八年）と『時空の構造』（一九五〇年）――を次々に世に送りました。いずれも、簡潔な教科書的書物のなかに独自の鋭い哲学的思索を示したものです。その後一九五六年に母国に帰りウィーン大学教授となり、一九六一年一月四日に七三年余の生涯を閉じました。

一九七五年六月

二

岡　小　天

本書の著者シュレーディンガーは、遺伝子を安定な構造をもつ巨大分子であると推論し、それは非周期性の結晶というにふさわしいものであるといっています。次にこのことに関連して、その後に得られたいくつかの実験的結果を略記しておきましょう。

遺伝子は化学的には、核酸ＤＮＡとタンパク質とが結合した核タンパク質です。まずタンパク質ですが、その分子は約二〇種類のアミノ酸がそれぞれ一定の結合順序で縮合したポリペプチド鎖を主体とするもので、いわゆる情報高分子です。ミオグロビンやヘモグロビンの単結晶のX線回折に関するケンドルーらの研究や、リゾチームに関するフィリップスらの同様な研究などから、タンパク質分子は一般に秩序の高い立体構造をもっていることが期待されます。

次に、核酸は四種のモノヌクレオチドが一定の結合順序で縮合した高分子鎖で、これも情報高分子です。ＤＮＡの伸長した試料のX線回折を基にして、一九五三年にワトソンとクリックが有名な二重らせんの分子模型を提出しました。DNAの一対のらせん状分子では、塩基の間で互いに水素結合ができて強く結合し、秩序の高い立体構造がつくられるのです。さらにこの分子模型を基にして、細胞分裂のさいDNAの二重らせんが一個の自己複製をつくる過程が示されました。

遺伝子DNAが形質を発現する分子的機構も現在では明らかにされています。すなわち、遺伝子のDNAに対応したメッセンジャーRNAの分子が細胞質中のリボゾーム粒子の表面に固定され、RNAの相隣る三個のモノヌクレオチドの一組に対応して、トランスファーRNAの作用により、特定の一個のアミノ酸が対応し、それの縮合によってタンパク質分子がつくられるのです。これははじめの遺伝子DNAと一定の関係にあることは明らかで、遺伝子の担っている情報がタンパク質に伝達されたといってよいでしょう。

染色体の中で遺伝子の核タンパク質分子がどのような立体構造をとっているかはまだ明らかにされていません。しかし、この核タンパク質繊維の引張り強さがDNA繊維のそれに比べて倍以上も大きいことや、両者の応力‐ひずみ曲線が著しく異なっている事実は、タンパク質分子がDNA分子の形態に著しい影響を与えていることを示唆するものです。さらに稀薄溶液の研究から、染色体核タンパク質の固有粘度はＤＮＡのそれより小さいことが知られていますが、ＤＮＡ分子は溶液中で比較的伸びた形をとっているので、これにタンパク質分子が結合することにより、分子はＤＮＡよりもコンパクトな丸まった形態をとっていることが推測されます①。

核タンパク質の他の例としてウイルスがあげられます。いろいろなウイルス粒子は幾何学的形態をとっていることが電子顕微鏡写真から知られております。たとえば、アデノウイルスの粒子は三角二〇面体、バクテリオファージ ϕX174 の粒子は五角一二面体であり、これら粒子はさらに微小な核タンパク質の幾何学的単位より成っているのです②。これらの事実も、核酸にタンパク質が結合して分子が秩序の高い立体構造をとることを示しております。

シュレーディンガーは本書の最後の章で、一般に生命と物理学の法則との関係にふれていますが、その後一九六二年にＷ・ハイトラーも同様な問題を別な立場から論じており、ここではただその文献を紹介するに止めておきましょう③。かれは本書の第四章と第五章に出てくるハイトラー－ロンドンの理論で有名な量子物理学者です。

今から二十数年前、わが国では戦後まだ洋書の入手がはなはだ困難であったころ、筆者は *Quarterly Journal of Biology* 誌上でデルブリュックの本書の書評を読み、原本を見たい気持ちにかられておりました。ちょうどそのころ、プリンストンの湯川秀樹博士から筆者にはからずも本書が届けられたのでした。小林理学研究所の筆者の研究室では早速、中田修氏を中心にコロキウムを始め、詳細に討論することができ、お蔭で研究室一同多大の便宜を得ました。ここに阪大以来の同博士の厚い友情に対し深く感謝するしだいです。

その後筆者はいろいろな機会に本書の内容を紹介し、わが国物理学者、生物学者の本書に対する関心が大いに高まりました。一方海外では、本書は戦後の混乱期の物理学者、生物学者を核酸の生物物理の研究へ向かわせるのに決定的な影響を与えました[4]。イギリスの物理学者F・H・ウイルキンス、H・C・クリック、アメリカの生物学者D・ワトソンなどの名をあげることができます。このようにして、一九五三年ワトソン‐クリックの二重らせん模型が提出されたのでした。

一九七五年六月

(1) V. I. Vorob'ev : Rheological Properties of Chromosomal Nucleoproteins, *Biorheology* 10, 249, 1973.

(2) R. W. Horn : The Structure of Viruses, *The Molecular Basis of Life*, W. H. Freeman & Co., San

Francisco, 1968.

(3) W. Heitler: *Der Mensch und die naturwissenschaftliche Erkenntnis*, Friedr. Vieweg & Sohn, Braunschweig, 1962.(岡・三木訳『科学と人間』みすず書房、一九六五年)

W. Heitler: *Naturwissenschaftliche Streifzüge* , Friedr. Vieweg & Sohn, Braunschweig, 1970.

(4) 大木幸介著『量子生物学』二四ページ、講談社、一九六九年

二一世紀前半の読者にとっての本書の意義

――岩波文庫への収録(二〇〇八年)に際しての訳者あとがき

鎮目恭夫

「生命とは何か?」という問いを掲げた本書は、原書や訳書における細かい補足や修正と訳者あとがきを別にすれば、一九四四年に出版された原書の日本語訳書であり、一九五一年に岩波新書の一冊として出版されたものと同じである。当時はまだ、生物の生命現象には、生命を持たないあらゆる物質が従う物理学の基本法則による支配を原理的に超越した何らかの生命力が関与しているかもしれないという思いが、世界の第一級の物理学者たちによっても漠然と抱かれていた。しかし、その後の二〇世紀後半における近代的生命科学の誕生と確立によって、そのような思いは、一応は全く過去の遺物になった。本書は、このような近代的生命科学(特にその主柱の一つである分子生物学)の確立へ向かって世界の物理学者たちと生物学者たちとの関心を喚起するのに重要な役割を果たした書物だ。この点については、一九七五年に岩波新書の訳文を少々補正した際に私と岡小天博士が別々に書いた「訳者あとがき」(この文庫版に再録)が読者の参考になるだろうが、今では私は読者に対し、それらに加えて(またはそれらの代りに)W・ムーア著・小林澈郎・土佐幸子共訳『シュレーディンガー、その生涯と思想』(培風館、一九九五年)の四五四—四五九ページをお読みになることを勧める。

なお、本書は以上で述べたような過去の科学史上の史実を示す古典であるだけでなく、既に確立された分子生物学の教科書や解説書の多くではもはや自明のこととして殆ど言及されないミクロ世界(原子分子のスケールの世界)とマクロ世界(普通の顕微鏡で見えるのと同等かそれ以上のスケールの世界)との関係を丁寧に説明している点で、分子生物学者を目指す学生にとっても一般読書人にとっても、今でもなかなか役立つかなり貴重で親切な現代科学解説書でもある。(註1)

しかし、例えば第一章5節の「主体と客体との密接な対応関係……」という箇所とその前後の論述の意味は、大変難解だ。しかも著者はそこで、「この対応性は私の見るところでは、自然科学の領域外に属し……」と書いている。この文章は、エピローグの冒頭の「ここでは、この問題の哲学的な内容に対する私自身の見解をつけ加えたいと思いますが、これはどうしても主観的たるを免れない〔見解だ〕」という文章へつながっている。そして、このエピローグ全体は、私の目には一種の散文詩みたいで、いったい何を言っているのかを一意的に判読できない箇所が多々ある。読者の目にも多分そうだろう。私は最近ようやく、このエピローグ全体は、要するにデカルトの「私は考える、ゆえに私はある(存在する)」という名句を土台とする世界観にかなり似た一種の唯心論的一元論に近い世界観の述懐だと判断するに至った。デカルトは上記の名句の中の「私」について、それは「存在するためには、何らの場所を必要とせず、どんな物質的なものにも依存しない」ものだと述べた。この「場所」とは三次元の物理的空間内の何らかの領域(点でなく体積を持つ部分空間)を意味するようだが、とにかく「私」は物理的空間の中には存在しないとされた。しかも、その「私」は「デカルトにとっての私」だけでなく「理性をもつあらゆる個人にとっての私」を指し、それは「理性的精神」に他ならないと言っている。だからデカルト哲学の二元論世界は物理的三次元世界と非物理的な理性的精神の世界からなるが、後者の世界には、いろいろな理性人の各人にとっての「私」が存在するのか、各人にとっての「私」は実は総て全く同一のものなのかは問われていない。これに対しシュレーディンガーは、各人の「私」は実は全宇宙に一致する、または一致すべきものであり、従って互いに一致する同一のものでもあると言っているみたいだ。すなわち、このエピローグは、そのへんのことを曖昧にして、古代インドのバラモン階級の神話的詩歌とそれに由来する中世までのヴェーダンタ哲学の梵我一如（アートマン・イコール・ブラフマン）の悟りで全体の議論を綴り合わせて、一種の唯心論的一元論である唯我的・無我的・汎我的な世界観への彼の帰依を唱えたもののようだ。

このエピローグ全体は、そしてある意味では彼の本書全体は、こんな悟りを根底にしていると読めるが、そんな哲学的な総括よりずっと重要で、しかも多くの読者に分りやすく興味深くもあろう問題点を指摘しよう。

本書のエピローグの中程に「〔ショーペンハウエルなどのような思想家ではない〕普通の人の場合でも、本当の恋人同士が互いに相手の眼をじっと見つめている時、二人の思想と二人の歓喜とは文字通り一つとなり……」という言葉がある。私がこの原書を翻訳したのは二五歳の時で、まだいわゆる童貞だった時だが、この言葉は当時の私の心に深い共感的感銘を刻印した。ところが、それから五〇年近く後にたまたま上記のW・ムーア著の訳書『シュレーディンガー、その生涯と思想』を眺め、なるほど、そうだったのかと今更ながらあきれた。同書にはシュレーディンガーが一九二〇年代に量子力学の誕生と確立に果たした重要な役割や物理学の枠内のその他の数々の研究業績について、なかなか的確な紹介・解説が盛り込まれているが、同書によれば彼は青年時代から還暦ごろまで女性との性関係におけるなかなかのプレーボーイだった。三二歳で生涯の妻と結婚したが、その前ばかりか還暦ごろまでに多少とも同棲した恋人が少なくとも九名、それらのうち彼との間の子どもを産んだ恋人が三名、妊娠中絶させられた恋人が一名挙げられている。だがどの恋人との間の性愛もかなり相互的なもので、上記の「二人の思想と二人の歓喜とは文字通り一つになり」という言葉があてはまると彼が本気で思い込んだ性愛だったようだ。上記の伝記には「シュレーディンガーは女性が好きだったし、女性の真価を認めたが、女性に対する態度は男性至上主義そのものであった」とある。彼と妻との間には子は産まれなかったが、彼とある愛人との間の子は彼の妻が育て、彼ともう一人の愛人との間の子は、その愛人とその夫とが引き取って育てたとある。なお、彼の妻も時おり夫以外の男性と性関係をもち、夫の若い時からの親友だった優れた数学者ヘルマン・ワイルもその一人だったとある。

シュレーディンガーがそのような性愛にしばしば陥ったことは、人間の性行動と性反応(その絶頂はオルガスム)の生理学的・心理学的特性に深く根ざすことである。人間でも多くの動物でも、二つの配偶子(精子と卵子)は接合すれば文字通り一つ(受精卵)になるが、二つの個体(互いに異性であれ同性であれ)が接合して一つの個体になる現象は起こらない。だが、ある特殊な場合に特殊な意味では、二人が文字通りに一つになると呼べることが起こり得る。それについて、話がやや長くなるが、精々簡潔に説明しよう。

「生殖行動」とは、人間の場合も他の動物の場合も、生殖の達成を終局目的とすると見なせる行動を指す言葉だが、「性行動」のほうは、少なくとも人間の場合には、オルガスムと呼ばれる心身反応の達成をあたかも終局目的とするかのような行動だと言えよう。そのオルガスム反応とはどんな現象であるかを科学的に観察し記述した最初の書物は、アメリカの産婦人科医学者W・H・マスターズと助手V・E・ジョンソンの共著『人間の性反応』(原書も日本語訳書も一九六六年出版)だ。ただし、この心身反応は昔から多くの人々が性的な絶頂感とかエクスタシーとか恍惚感とか呼んできた種類の忘我感を伴う心身反応であり、その忘我は、失神と違い意識の喪失を伴いはせず(従って無意識に声を発することはなく)、それ自体は、くしゃみと同様に本人の意志によらない反射反応だ。そしてマスターズが測定したように、その反応持続時間は、女性の特別の場合以外は、男性でも女性でもせいぜい数秒間だ。

この反応の科学的な研究は、学界ではその後今日までろくに進んでいないようだが、この反応の神経科学的特性に対しては近代科学が既に少なくも二つの光を投じている。

一つは、麻薬や覚醒剤や幻覚剤が精神状態にもたらす薬理的な効果の研究からの光だ。それによれば、オルガスムの忘我感は幻覚剤（サイケデリックス、最も有名なのはＬＳＤ。覚醒剤とは違う）がもたらす効果と質的に似ているという。ただし、そんな科学研究を待たずにも既にかなり多くの人々が自分の体験から知っているように、その忘我感は、大抵の仕事や遊びに没頭し夢中になっている場合の意識状態よりいっそう没我的であり、たとえばジェットコースターで得られる眩暈（めまい感）と表裏をなすエクスタシーに近いらしい。ともあれ、以上のことは脳科学のうちでは神経伝達物質やその阻害剤や助長剤の効果に関する研究からの光だ。

もう一つは、それらの薬物による研究より後に広く実用化してきた種々の脳内画像作成機器（画像診断用機器）を利用した研究からの光である。それらのうち、オルガスム反応との関連で私が最も注目した情報は、二〇〇一年出版の『神はなぜ立ち去ろうとしないのか』という意味の書名のアメリカの脳科学者Ａ・ニューバーグらの著書（註2）から得られた。ただし同書には性科学のことはあまり出てこない。その著者は瞑想中のチベット仏教僧と祈禱中のカトリック尼僧の脳の諸部位の活動状態をある種の断面画像作成装置を使って観察した。前者の瞑想は座禅やヨーガによって意識を無我状態にすること、後者の祈禱は十字架のイエスを心に浮かべてそれに意識を集中することだそうだ。著者は、僧がその瞑想や祈禱をしている最中には本人の大脳の頭頂葉の上側後部(著者がオリエンテーション連合野と呼ぶ領域)の神経細胞の活動が停止することを発見し、これは強度の意識的な瞑想や祈禱によって脳のその領域の神経組織への神経入力が断絶するためだという見解と、その結果脳のその領域の活動が停止することによって、本人は自分の身体が空間のどんな場所にどんな方向に向いて位置しているのかが分らなくなる(即ち、自分の身体の空間的オリエンテーションが分らなくなる)のだという見解を述べている。脳内の物理的状態がそのようになれば、本人にとっては、物理的空間のうち自分の身体が占める領域の内側と外側の境界がぼやけ、自分の身体が宇宙空間へ漠然と稀薄化しつつ拡大してゆき、遂には自分の身体が全宇宙と一致してしまったというような意識状態になるであろう。古代インドのバラモン僧やヴェーダンタ哲学者が説いた梵我一如の悟りとは、今日の生理学的心理学から見れば、およそこんなものではないか。ちなみに、私は太平洋戦争の戦前の少年時代にラジオで聴いた寛永三馬術という講談の語りの一節を今でもたまに思い出す。三馬術の筆頭の筑紫市兵衛が愛宕山の石段を駈け登ると「鞍上人なく、鞍下馬なし」。騎乗の人馬が一体となるばかりか、それを見ている人もそれと一体になるかのような語りだ。なお、脳科学では上記のニューバーグらの著書以前から、大脳の頭頂葉のそのへんの場所には眼からの神経信号が脳内の二つの経路を経て到達することと、その情報に基づき視覚対象物体の空間的な位置と方向の判断が構成されるのに必要な領域がそのへんの場所にあることが知られている。また脳のそのあたりの領域は、人間がある場所から他のある場所へ行き着くための道順を頭に描くのに必要な領域でもあるらしい。

さて、たいていの人のオルガスム反応時における本人の意識状態および脳内状態は、上記のような悟りの場合のそれらと、かなり共通性をもつのではないか。ただし、異性愛の場合であれ同性愛の場合であれ、オルガスムの持続時間は短く、二人のそれぞれのそれが同時に発生することはかなり稀だ。もし高度のオルガスムが同時に起これば、その短時間内では、二人のどちらも自我意識が高度にぼやけ、いわば全宇宙に拡がってしまうから、「二人の思想や二人の歓喜が文字通り一つになる」と言えなくもない。だがそんな一致はごく稀にしか起こらず、起こっても精々数秒しか続かない。

シュレーディンガーが生きていた時代には、近代的脳科学はまだ胎児期であったし、性科学の基本知識もろくに普及していなかった(今日でもそうだが)のだから、彼がこのエピローグのようなことを大真面目で書いたのも無理もない。しかも、今日の脳科学ないし神経内科医学的な科学知識から見れば、このエピローグは、反面教師的な価値においてながら、なかなか重要な価値がある。特に私にとっては教えられるところ誠に大であった。本書のエピローグをも含む全体には、もう一つの重要な反面教師的価値がある。それは私にとっては、私より三歳若いノーム・チョムスキーの一般読者向けの数々の言語学論著のおかげではっきり気付いた次のような問題だ。

自然科学の歩み及び現実の政治経済社会の歩みの今日の段階で「生命とは何か」という問いを発する場合には、「生命」という名詞はいったい何を指す言葉なのかを、人間の言語の特性にさかのぼって再検討することが必要だ。そもそも「生命」という名詞は「生きている」という形容詞または述語を名詞化した言葉だ。そして、今日われわれは、生物の個体の生命はどこにあるかを問う場合には、それは当の個体の身体の内部にあるのではなく、身体とその環境とからなる世界全体の中にあるという考えに十分注目することが必要だ。さもなければ、少なくとも環境問題に適切に対処することはできない。

また、エピローグに八回出てくる「意識」という名詞についても似たことが言える。そもそも「意識」という名詞は「意識的な」とか「xxを意識している」という形容詞または述語(英語なら conscious とか be aware of xx)を無理に名詞化した言葉だ。そして、このエピローグでは、その八回の「意識」はどれも彼の言う「自我の意識」を指しており、しかもそれらの前(この文庫版一七二ページ)には「最も広い意味での私、すなわち今までに「私」であると言いまたは「私」であると感じたあらゆる意識的な心」という言葉が見られる。これらの言葉で彼が何を言おうとしたかを考え、彼の言葉を乗り越えて進むためには、人間の言語の特性と人間の身体(特に脳)の言語機構の特性について、シュレーディンガーが生きていた時代にはまだ無理だった科学的追求に取り組まねばならない。このエピローグは、そういう問題意識を、彼がそうとは気付かずに暗に示唆または露呈した作品だと読める。

この「訳者あとがき」という場は、私のこういう問題意識と基本的解答をこれ以上具体的に提示するのに適した場ではない。私自身のそれは既にほぼ書き上がっており、(註3) いずれ雑誌論文か自著の形で世に送るつもりだが、私はここで本書の読者に対して、読者各自が御自身の立場からこういう問題意識を抱いて各自の解答に取り組むこと、そのためにこの訳者あとがきをも含めた本書を活用して下さることを期待して筆を置く。

二〇〇八年二月

註1　ただし、第六章60節（一四五ページ以下）の「負エントロピー」という言葉は、その直後の原註にもかかわらず、やっぱり誤解を招きやすい言葉だ。なぜなら、今日の物理的科学には熱力学のエントロピーと通信工学に由来する情報理論のエントロピーという二種類のエントロピーがあって、この両者が分子生物学の大学教授などによっても、しばしば混同され過誤や混乱を助長しているからだ。私はたまたま最近（二〇〇七年）出版された通俗科学書のベストセラーものの一つに、この混同と過誤の誡に見事な標本を見つけたので、ここに引用する。

「シュレーディンガーは誤りを犯した。実は、生命は食物に含まれている有機高分子の秩序を負のエントロピーの源として取り入れているのではない。生物は、その消化プロセスにおいて、タンパク質にせよ、炭水化物にせよ、有機高分子に含まれているはずの秩序をことごとく分解し、そこに含まれる情報をむざむざ捨ててから吸収している。なぜなら、その秩序とは、他の生物の情報だったもので、自分自身にとってはノイズになりうるものだからである。」（講談社現代新書『生物と無生物のあいだ』一五〇ページ）。

この文中の「生物」を「動物」と書き換えれば、少しはましだ。それにしても、シュレーディンガーは、本書をまともに読めば分かる（『ガモフ物理学講義』、白揚社近刊の中の「生命の熱力学」の項とそこの訳註を見ればいっそう分かりやすい)ように、タンパク質などのような有機高分子の秩序を負のエントロピーの源だなんて言ったのではない。そして彼は、遺伝物質を構成する大型分子(彼が非周期性結晶と呼んだもの)は、時計の歯車のように熱力学を一応超越した(エントロピーと無関係な)個体部品だと言ったのである。

註2　*Why God Won't Go Away*, 2001.『脳はいかにして〈神〉を見るか』と題する訳書(ＰＨＰ研究所、二〇〇三年)があるが、これは翻訳書というより同時通訳書と呼ぶべきもので、その意味では達者な通訳だが、原文の論理的組立てを適切に伝えてはいない。なお、原書は結論としては「科学も一種の神話だ」という見解に陥っている書物だ。

註3　仮題「ヒトの言語の特性と近代科学の限界を考える――チョムスキーの言説の批判的考察をテコに」。

生命《せいめい》とは何《なに》か――物理的《ぶつりてき》にみた生細胞《せいさいぼう》
シュレーディンガー著

2008年5月16日　第1刷発行
2025年6月16日　第27刷発行

訳　者　岡《おか》 小天《しょうてん》　鎮目恭夫《しずめやすお》

発行者　坂本政謙

発行所　株式会社 岩波書店
〒101-8002 東京都千代田区一ツ橋2-5-5

案内 03-5210-4000　営業部 03-5210-4111
文庫編集部 03-5210-4051
https://www.iwanami.co.jp/

印刷・三陽社　カバー・精興社　製本・中永製本

ISBN 978-4-00-339461-8　Printed in Japan

読書子に寄す

——岩波文庫発刊に際して——

岩波茂雄

真理は万人によって求められることを自ら欲し、芸術は万人によって愛されることを自ら望む。かつては民を愚昧ならしめるために学芸が最も狭き堂宇に閉鎖されたことがあった。今や知識と美とを特権階級の独占より奪い返すことはつねに進取的なる民衆の切実なる要求である。岩波文庫はこの要求に応じそれに励まされて生まれた。それは生命ある不朽の書を少数者の書斎と研究室とより解放して街頭にくまなく立たしめ民衆に伍せしめるであろう。近時大量生産予約出版の流行を見る。その広告宣伝の狂態はしばらくおくも、後代にのこすと誇称する全集がその編集に万全の用意をなしたるか。千古の典籍の翻訳企図に敬虔の態度を欠かざりしか。さらに分売を許さず読者を繋縛して数十冊を強うるがごとき、はたしてその揚言する学芸解放のゆえんなりや。吾人は天下の名士の声に和してこれを推挙するに躊躇するものである。このときにあたって、岩波書店は自己の責務のいよいよ重大なるを思い、従来の方針の徹底を期するため、すでに十数年以前より志して来た計画を慎重審議この際断然実行することにした。吾人は範をかのレクラム文庫にとり、古今東西にわたって文芸・哲学・社会科学・自然科学等種類のいかんを問わず、いやしくも万人の必読すべき真に古典的価値ある書をきわめて簡易なる形式において逐次刊行し、あらゆる人間に須要なる生活向上の資料、生活批判の原理を提供せんと欲する。この文庫は予約出版の方法を排したるがゆえに、読者は自己の欲する時に自己の欲する書物を各個に自由に選択することができる。携帯に便にして価格の低きを最主とするがゆえに、外観を顧みざるも内容に至っては厳選最も力を尽くし、従来の岩波出版物の特色をますます発揮せしめようとする。この計画たるや世間の一時の投機的なるものと異なり、永遠の事業として吾人は微力を傾倒し、あらゆる犠牲を忍んで今後永久に継続発展せしめ、もって文庫の使命を遺憾なく果たさしめることを期する。芸術を愛し知識を求むる士の自ら進んでこの挙に参加し、希望と忠言とを寄せられることは吾人の熱望するところである。その性質上経済的には最も困難多きこの事業にあえて当たらんとする吾人の志を諒として、その達成のため世の読書子とのうるわしき共同を期待する。

昭和二年七月

《法律・政治》〔白〕

- 人権宣言集 — 高木八尺・末延三次・宮沢俊義 編
- 新版 世界憲法集 第二版 — 高橋和之 編
- 君主論 — マキァヴェッリ 河島英昭 訳
- フィレンツェ史 全二冊 — マキァヴェッリ 齊藤寛海 訳
- リヴァイアサン 全四冊 — ホッブズ 水田洋 訳
- ビヒモス — ホッブズ 山田園子 訳
- 法の精神 全三冊 — モンテスキュー 野田良之・稲本洋之助・上原行雄・田中治男・三辺博之・横田地弘 訳
- 完訳 統治二論 — ジョン・ロック 加藤節 訳
- 寛容についての手紙 — ジョン・ロック 加藤節・李静和 訳
- キリスト教の合理性 — ジョン・ロック 加藤節 訳
- ルソー 社会契約論 — 桑原武夫・前川貞次郎 訳
- フランス二月革命の日々 —トクヴィル回想録 — トクヴィル 喜安朗 訳
- アメリカのデモクラシー 全四冊 — トクヴィル 松本礼二 訳
- リンカーン演説集 — 高木八尺・斎藤光 訳
- 権利のための闘争 — イェーリング 村上淳一 訳
- 近代人の自由と古代人の自由・征服の精神と簒奪 他一篇 — コンスタン 堤林剣・堤林恵 訳
- 民主主義の本質と価値 他一篇 — ハンス・ケルゼン 長尾龍一・植田俊太郎 訳
- 危機の二十年 —理想と現実 — E・H・カー 原彬久 訳
- ザ・フェデラリスト — A・ハミルトン J・ジェイ J・マディソン 斎藤眞・中野勝郎 訳
- アメリカの黒人演説集 —キング・マルコムX・モリスン他 — 荒このみ 編訳
- モーゲンソー 国際政治 —権力と平和 全三冊 — 原彬久 監訳
- ポリアーキー — ロバート・A・ダール 高畠通敏・前田脩 訳
- 現代議会主義の精神史的状況 他一篇 — カール・シュミット 樋口陽一 訳
- 政治的なものの概念 — カール・シュミット 権左武志 訳
- 第二次世界大戦外交史 全二冊 — 芦田均
- 憲法講話 — 美濃部達吉
- 日本国憲法 — 長谷部恭男 解説
- 民主体制の崩壊 —危機・崩壊・再均衡 — ファン・リンス 横田正顕 訳
- 憲法 — 鵜飼信成

《経済・社会》〔白〕

- 政治算術 — ペティ 大内兵衛・松川七郎 訳
- 国富論 全四冊 — アダム・スミス 水田洋 監訳 杉山忠平 訳
- 道徳感情論 全二冊 — アダム・スミス 水田洋 訳
- 法学講義 — アダム・スミス 水田洋 訳
- コモン・センス 他三篇 — トーマス・ペイン 小松春雄 訳
- 経済学における諸定義 — マルサス 玉野井芳郎 訳
- オウエン自叙伝 — ロバアト・オウエン 五島茂 訳
- 戦争論 全三冊 — クラウゼヴィッツ 篠田英雄 訳
- 自由論 — J・S・ミル 塩尻公明・木村健康 訳
- 大学教育について — J・S・ミル 竹内一誠 訳
- 功利主義 — J・S・ミル 関口正司 訳
- ロンバード街 —ロンドンの金融市場 — バジョット 宇野弘蔵 訳
- イギリス国制論 全二冊 — バジョット 遠山隆淑 訳
- ユダヤ人問題によせて ヘーゲル法哲学批判序説 — マルクス 城塚登 訳
- 経済学・哲学草稿 — マルクス 城塚登・田中吉六 訳
- 新編輯版 ドイツ・イデオロギー — マルクス エンゲルス 廣松渉 編訳 小林昌人 補訳
- マルクス エンゲルス 共産党宣言 — 大内兵衛・向坂逸郎 訳
- 賃労働と資本 — マルクス 長谷部文雄 訳
- 賃銀・価格および利潤 — マルクス 長谷部文雄 訳
- マルクス 経済学批判 — 武田隆夫・遠藤湘吉・大内力・加藤俊彦 訳

- マルクス 資本論 全九冊 — エンゲルス編 向坂逸郎訳
- 裏切られた革命 — トロツキー 藤井一行訳
- 文学と革命 全二冊 — トロツキー 桑野隆訳
- ロシア革命史 全五冊 — トロツキー 藤井一行訳
- トロツキー わが生涯 全二冊 — 森田成也 志田昇訳
- 空想より科学へ ―社会主義の発展 — エンゲルス 大内兵衛訳
- イギリスにおける労働者階級の状態 ―一九世紀のロンドンとマンチェスター 全二冊 — エンゲルス 一條和生 杉山忠平訳
- 帝国主義 — レーニン 宇高基輔訳
- 国家と革命 — レーニン 宇高基輔訳
- 雇用、利子および貨幣の一般理論 全二冊 — ケインズ 間宮陽介訳
- シュムペーター 経済発展の理論 全二冊 — 塩野谷祐一 中山伊知郎 東畑精一訳
- シュムペーター 経済学史 ―学説ならびに方法の諸段階 — 中山伊知郎 東畑精一訳
- 日本資本主義分析 — 山田盛太郎
- 恐慌論 — 宇野弘蔵
- 経済原論 — 宇野弘蔵
- 資本主義と市民社会 他十四篇 — 大塚久雄 齋藤英里編
- 共同体の基礎理論 他六篇 — 大塚久雄 小野塚知二編

- 言論・出版の自由 他一篇 ―アレオパジティカ — ミルトン 原田純訳
- ユートピアだより — ウィリアム・モリス 川端康雄訳
- 有閑階級の理論 — ヴェブレン 小原敬士訳
- 社会科学と社会政策にかかわる認識の「客観性」 — マックス・ヴェーバー 富永祐治 立野保男訳 折原浩補訳
- プロテスタンティズムの倫理と資本主義の精神 — マックス・ヴェーバー 大塚久雄訳
- 職業としての学問 — マックス・ヴェーバー 尾高邦雄訳
- 社会学の根本概念 — マックス・ヴェーバー 清水幾太郎訳
- 職業としての政治 — マックス・ヴェーバー 脇圭平訳
- 古代ユダヤ教 全三冊 — マックス・ヴェーバー 内田芳明訳
- 支配について 全二冊 — マックス・ヴェーバー 野口雅弘訳
- 宗教と資本主義の興隆 歴史的研究 全二冊 — トーニー 出口勇蔵・越智武臣訳
- 世論 全二冊 — リップマン 掛川トミ子訳
- 贈与論 他二篇 — マルセル・モース 森山工訳
- 国民論 他二篇 — マルセル・モース 森山工編訳
- ヨーロッパの昔話 その形と本質 — マックス・リュティ 小澤俊夫訳
- 独裁と民主政治の社会的起源 ―近代世界形成過程における領主と農民 全二冊 — バリントン・ムーア 宮崎隆次 森山茂徳 高橋直樹訳
- 大衆の反逆 — オルテガ・イ・ガセット 佐々木孝訳

- シャドウ・ワーク — イリイチ 玉野井芳郎 栗原彬訳

《自然科学》〔青〕

- ヒポクラテス医学論集 — 國方栄二編訳
- 科学と仮説 — ポアンカレ 河野伊三郎訳
- ロウソクの科学 — ファラデー 竹内敬人訳
- 種の起原 全二冊 — ダーウィン 八杉龍一訳
- 自然発生説の検討 — パストゥール 山口清三郎訳
- 完訳 ファーブル昆虫記 全十冊 — 山田吉彦 林達夫訳
- 科学談義 — T・H・ハックスリ 小泉丹訳
- メンデル 雑種植物の研究 — 岩槻邦男 須原準平訳
- アインシュタイン 相対性理論 — 内山龍雄訳・解説
- 相対論の意味 — アインシュタイン 矢野健太郎訳
- アインシュタイン 一般相対性理論 — 小玉英雄編訳・解説
- 自然美と其驚異 — ジョン・ラバック 板倉勝忠訳
- ダーウィニズム論集 — 八杉龍一編訳
- 近世数学史談 — 高木貞治
- ニールス・ボーア論文集1 因果性と相補性 — 山本義隆編訳

ニールス・ボーア論文集2 量子力学の誕生　山本義隆編訳

ハッブル 銀河の世界　戎崎俊一訳

パロマーの巨人望遠鏡 全二冊　D・O・ウッドベリー　関正雄・湯澤博・成相恭二訳

生物から見た世界　ユクスキュル　クリサート　日高敏隆・羽田節子訳

ゲーデル 不完全性定理　林晋・八杉満利子訳

日本の酒　坂口謹一郎

生命とは何か ―物理的にみた生細胞　シュレーディンガー　岡小天・鎮目恭夫訳

ウィーナー サイバネティックス ―動物と機械における制御と通信　池原止戈夫・彌永昌吉・室賀三郎・戸田巌訳

熱輻射論講義　マックス・プランク　西尾成子訳

コレラの感染様式について　ジョン・スノウ　山本太郎訳

20世紀科学論文集 現代宇宙論の誕生　須藤靖編

高峰譲吉文集 いかにして発明国民となるべきか　鈴木淳編

相対性理論の起原 他四篇　廣重徹　西尾成子編

ガリレオ・ガリレイの生涯 他二篇　ヴィンチェンツォ・ヴィヴィアーニ　田中一郎訳

精選 物理の散歩道　ロゲルギスト　松浦壮訳

《歴史・地理》〔青〕

新訂 魏志倭人伝・後漢書倭伝・宋書倭国伝・隋書倭国伝 —中国正史日本伝1 石原道博編訳
新訂 旧唐書倭国日本伝・宋史日本伝・元史日本伝 —中国正史日本伝2 石原道博編訳
ヘロドトス 歴史 全三冊 松平千秋訳
トゥーキュディデース 戦史 全三冊 久保正彰訳
ガリア戦記 カエサル 近山金次訳
タキトゥス 年代記 —ティベリウス帝からネロ帝へ 全二冊 国原吉之助訳
ランケ 世界史概観 —近世史の諸時代 鈴木成高・相原信作訳
ランケ自伝 林健太郎訳
歴史における個人の役割 プレハーノフ 木原正雄訳
古代への情熱 —シュリーマン自伝 シュリーマン 村田数之亮訳
大君の都 —幕末日本滞在記 全三冊 オールコック 山口光朔訳
アーネスト・サトウ 一外交官の見た明治維新 全二冊 坂田精一訳
ベルツの日記 全二冊 トク・ベルツ編 菅沼竜太郎訳
武家の女性 山川菊栄
インディアスの破壊についての簡潔な報告 ラス・カサス 染田秀藤訳
ラス・カサス インディアス史 全七冊 長南実訳 石原保徳編

インディアスの破壊をめぐる賠償義務論 —十二の疑問に答える ラス・カサス 染田秀藤訳
コロンブス 全航海の報告 林屋永吉訳
大森貝塚 —付 関連史料 E・S・モース 近藤義郎・佐原真編訳
ナポレオン言行録 オクターヴ・オブリ編 大塚幸男訳
中世的世界の形成 石母田正
日本の古代国家 石母田正
平家物語 他六篇 石母田正 髙橋昌明編
クリオの顔 —歴史随想集 E・H・ノーマン 大窪愿二編訳
日本における近代国家の成立 E・H・ノーマン 大窪愿二訳
旧事諮問録 —江戸幕府役人の証言 全二冊 旧事諮問会編 進士慶幹校注
ローマ皇帝伝 全二冊 スエトニウス 国原吉之助訳
アリランの歌 —ある朝鮮人革命家の生涯 ニム・ウェールズ キム・サン 松平いを子訳
さまよえる湖 全二冊 ヘディン 福田宏年訳
老松堂日本行録 —朝鮮使節の見た中世日本 宋希璟 村井章介校注
十八世紀パリ生活誌 —タブロー・ド・パリ 全二冊 メルシエ 原宏編訳
ヨーロッパ文化と日本文化 ルイス・フロイス 岡田章雄訳注
ギリシア案内記 全二冊 パウサニアス 馬場恵二訳

オデュッセウスの世界 フィンリー 下田立行訳
東京に暮す —一九二八～一九三六 キャサリン・サンソム 大久保美春訳
ミカド —日本の内なる力 W・E・グリフィス 亀井俊介訳
増補 幕末百話 篠田鉱造
幕末明治 女百話 全二冊 篠田鉱造
日本中世の村落 清水三男 大山喬平・馬田綾子校注
トゥバ紀行 メンヒェン=ヘルフェン 田中克彦訳
徳川時代の宗教 R・N・ベラー 池田昭訳
ある出稼石工の回想 マルタン・ナド 喜安朗訳
革命的群衆 G・ルフェーヴル 二宮宏之訳
植物巡礼 —プラント・ハンターの回想 F・キングドン-ウォード 塚谷裕一訳
日本滞在日記 —一八〇四—一八〇五 レザーノフ 大島幹雄訳
モンゴルの歴史と文化 ハイシッヒ 田中克彦訳
歴史序説 全四冊 イブン=ハルドゥーン 森本公誠訳
ダンピア 最新世界周航記 全二冊 平野敬一訳
ローマ建国史 全三冊（既刊上巻） リーウィウス 鈴木一州訳
元治夢物語 —幕末同時代史 馬場文英 徳田武校注